素食內外美

Sharon Chan
陳秋惠————著

Beauty Inside Out

推薦序 1

現代化的生活和先進的醫學使人類生命延長，卻同時意味着身體將會面對慢性病的機會增加。統計數字上的長壽並未能真正代表有自主能力的健康人生。各種慢性病、癌症；藥物、手術，對個人及家人在身心、時間和經濟上所帶來的煎熬實在非筆墨可以形容。

「病是吃出來的，病的根源就在生活裏」。與其容許自己被動無奈地等待疾病找上門，然後再花九牛二虎之力拼搏地進行後期醫治，過程既勉強又辛苦，效果往往卻不如理想、令人失望、大傷元氣、消耗生命；不如輕鬆地從飲食生活着手，預防疾病找上門，讓生命得以盡情發揮，不枉此生。

隨着醫學和營養學在臨床研究上不斷更新，整全蔬食（Whole Food Plant Based Diet）對健康的益處已是毋容置疑。最好的食物其實一早、一直都從泥土供應了給我們，關鍵是我們懂得運用嗎？

新鮮、清洗乾淨的植物性食物（純素／蔬食）＋

食物本身高纖和升糖指數低之狀態（整全）＋

盡量避免高溫煮熟食材以保存維他命 C 和酵素（食生），

就得出一個「健康素食方程式」，亦即是我們一直對健康渴求的出路。

近年做公開活動期間，難得遇上完全理解「健康素食方程式」真諦的營養師陳秋惠。現在，Sharon 是我信任的營養師之一，她不但身體力行，親身體驗整全蔬食法，而且運用她出色的專業技巧，有效地教導及跟進求診的病人個案。在她的指導和陪伴下，病人就能更輕易地學懂在生活中如何靈活實踐健康的整全蔬食法，令疾病治療事半功倍。本書內容結合了 Sharon 多年來的親身及臨床經驗，相信將會是大家在尋找健康出路途中一本極具參考價值的書。

盧麗愛醫生
香港外科專科顧問醫生
《我醫我素～健康素食小百科》作者
亞太素食聯盟醫學顧問

推薦序 2

感恩獲 Sharon 的邀請為她的新書寫序文。當下的第一個感覺就是——好呀！造福人群呀！因為她既是一位營養師，又是一位佛教徒，她所出版的素食書一定可以令大家身心都清淨，而且食得很有營！

看了 Sharon 的食譜，感覺當中可以一次過滿足大家三方面的要求：1) 好吃；2) 易做；3) 健康，令身處繁忙都市的一眾素友可以保持身心靈健康。更令我想不到的是，Sharon 的書明明是有「宵夜」和「甜品」，但是她竟然可以幫大家有營地減肥和去暗瘡！真的很厲害！簡直可以令大家素得「利口利腹」！

對於素食的推廣，在近年的講法是不吃肉的好處多多，素食的人愈多，對地球愈好。而且更有專家分析，在發達國家，素食主義會帶來各種環境和健康方面的好處。科學家指出，一個四口之家吃肉所排放的溫室氣體，比開兩輛車排放的氣體還要多。英國利茲大學糧食安全專家蒂姆·本頓（Tim Benton）指出，「事實上，只要少吃一點點肉，就能大大造福我們的子孫後代。」而且，牛津大學未來食物項目研究員馬可·斯普林曼（Marco Springmann）試圖量化素食的益處。他和同事建立相關計算模型，預測出如果所有人在 2050 年前都變成素食者，食物生產相關的排放量將減少約 60%。

在此預祝此書出版成功，亦願所有讀者能吃得健康、身心自在！

法忍法師

推薦序 3

真的非常高興，我大女兒秋惠寫的第一本書終於完成了！我很想分享一下為甚麼她會寫這本書，介紹她童年和真實成長歷程的飲食和生活方式，對於現今兒童及青少年的成長有著重要的影響和指導作用。

身為中國人，她既有中國五色飲食養生文化和四季生活文化的認識，也是美國加州柏克萊大學的營養師，所謂「洋為中用，中為西用」，書中既有傳統中國人的飲食文化，也有從美國西方世界獲得的科學健康常識數據，實在值得參考學習。秋惠自在娘胎已經是由母親身體力行影響而成為今天的長期素食者，自幼茹素對學業不但沒有影響，她的主動、專心、善良令她成績優異且名列前茅，這些都是親身實踐的人生經驗，相信都是家長們值得倣效並教導子女的飲食及生活方式。

希望大家在享受閱讀及烹煮各款素食營養餐饍的過程中有所得着，祝你和家人都能體驗「以健康的體質活出智趣人生！」

廖燕錦中醫師（媽咪）

自序

這是一本孕育數年才誕生的書，綜合我的成長歷程、人生經驗，與大家分享營養理論和貼地心得。我的理想是每個看完這本書的讀者都可以學到如何從飲食着手，做到每天由內而外地散發正能量，培養內在的健康帶給外在的美麗、自信心。寫這本關於健康營養飲食的書，無論是飲食方法或習慣都可以在日常生活中實踐，由淺入深，而不是只拋説一些專業且深奧的名詞或理論，所以每篇我都分享了營養食譜，大家有得看時亦有得食。

在美國加州柏克萊大學讀營養學學士課程時，上營養科學課時會在廚房裏研究食物的科學，如何將不同的材料烹煮成一道營養健康又美味的菜式。而讀碩士課程時，營養及整體健康學課程中亦有很多 Cooking Lab，即是煮食的實驗課，讓我們實踐烹煮不同種類的菜式，研究怎樣的膳食適合不同人、不同體質，甚至不同病患者，目的是帶給他們更加多營養價值。

這次選用的食譜都是過去我在國外讀書、工作時期很喜歡做的快熟料理，我將部分食譜微調整後，就變成易做又健康美味的食譜。

希望讀者可以掌握每天早、午、晚三餐，如何在飲食中攝取到最優質的營養素，日常健康、精神狀況、工作效率，甚至是生育能力都得以改善。

在此感謝每位在成長路上陪伴及鼓勵我的家人、老師、朋友及同事，你們給我動力，令我擁有健康的生活、健康的飲食模式、健康的習慣；我寫這本書回饋大家，祝願大家每天健康快樂，遠離病痛，每個人都愈活愈青春，愈吃愈美麗！

秋惠

秋惠於 2018 亞洲小姐競選（香港區）擔任健康飲食顧問。

介紹健康食物、飲食配搭、份量、食物是否合適個人體質、進食時間等，都是註冊營養師會指導客戶的。

秋惠經常會到各企業和機構主持健康營養講座及工作坊。

熱愛探索植物性為主的飲食對個人、動物、環境和下一代的好處。

目錄

Contents

Chapter 4
30+ 歲「由內而外美出來」

素食需注意營養素

後感

Chapter 1

7-14 歲
「學習增智慧」

1.0

胎裏素？
不會營養不良嗎？

很多人認為「食素＝減肥」，引申出「減肥的人才會食素」的錯誤想法；更有不少人誤解，一定要有肉食才代表「營養均衡」。作為一個曾經是胎裏素寶寶的營養師，我可以在此向各位說：植物性飲食不但適合任何人，戒除肉食也能讓生活過得好，甚至更好！

在我還未接觸營養學之前，我所有對於健康飲食的概念都來自於家人，爸爸媽媽總是以身教來讓我跟妹妹認識何謂健康飲食。還記得母親跟我說過，她本不是一個素食者，是得知懷孕之後，為了令肚子裏的我更健康，吸收到更好的營養，才開始刻意食素。

於是我的素食之路，因為母親的這個正確選擇而開展了。

我就讀的中小學，校內午餐都有提供素食。一直到了中三，我才外出進食，因此很幸福地，我從 BB 時代一直到中學階段都維持着植物性飲食，這對我的求學生涯有很大的幫助。大家一定沒有想到，食素和專注力之間有莫大的關係！記得小時候，我的專注力很不錯，溫習的時候即使坐足一整天也不會覺得疲憊（雖然我也是臨急抱佛腳的學生之一，哈哈！）。

當時雖然沒有一個營養學的概念，不知道是因為植物性飲食而導致頭腦更好、專

注力更集中，但食素確實讓我求學時期取得很好的成績，完成一個個目標——甚至憑着優異的成績，升讀美國的柏克萊大學。

我在大學時期也曾經有一段時間吃葷，也很喜歡吃燒排骨、雞翼、叉燒等肉類，但後來漸漸發現，食肉令我的情緒容易大起大跌，不開心、失落，甚至哭泣的頻率也比食素時變多。很多人會問，為甚麼增加素食的比例能令人的情緒更平和？試想想，當動物知道自己即將被殺掉，自然會釋放一些驚慌、絕望、無助等負面情緒，我們進食牠們的肉時，又怎會不吸收到牠們釋放的毒素？香港人習慣以肉食為主、無肉不歡，卻不知道這樣的飲食習慣有機會影響情緒及健康狀況。

很多人會疑惑：不是要有肉有菜營養才均衡嗎？寶寶也食素，不怕營養不良嗎？

這是對植物性飲食一個很大的誤解！其實在不同年齡階段的人士，只要正確規劃一個均衡的植物性飲食，不論是孕婦、成年人、幼兒、運動員甚至是長者也適合食素，更有助預防癌症、心臟病、肥胖，亦可以治療糖尿病，維持健康，而胎裏素的概念，在英、美、澳、加等地的營養學會素食指引皆有提及。植物性飲食，不單不會令人營養不良，反而有益。

作為一個胎裏素營養師，我就是一個食素而達至均衡飲食的活生生例子；因此我在私人執業之餘亦會熱情地與客戶分享植物性飲食的好處，推廣均衡素食的重要性。習慣了肉食的朋友若想嘗試轉為素食者，我建議可以循序漸進，由每星期一日植物性飲食開始。

記住：心情靚，外表才會靚！

秋惠與註冊營養師們分享以植物性為主飲食，並作為長期病患的飲食治療。

13

想聰明伶俐？
早餐是決勝關鍵！

香港人生活繁忙，一起床便趕上學趕上班，對於早上第一餐，要不馬虎了事，要不直接放棄不吃。其實早餐吃與不吃，足以影響你一整天的表現，而求學階段更有必要養成每天吃營養早餐的習慣！

每天吃早餐的人應該都試過，若有一天沒有吃早餐的話，不但會因為肚餓而手腳發軟，提不起勁，更會影響當日的集中力，亦容易感到疲倦或生氣。這只是一天沒有吃早餐所帶來的負面影響，如果長期沒有吃早餐，更會令身體的新陳代謝逐漸變慢，從而影響工作及學習時候的集中能力。

吃早餐有助學業？

曾經讀過一系列 1950－2013 年的關於青少年和兒童飲食習慣的科學研究分析，當中有 36 份觀察性的研究針對有吃早餐習慣的兒童和青少年於課堂內的行為，以及其學習能力和成績，研究對象包括營養不良及有健康問題的學生。研究結果有足夠的證據證實，如果學生有吃早餐的習慣，於課堂中做練習或進行測驗時，學生的專注力及成績都因此有正面的影響，尤其對營養不良的學生而言，如果能夠恆常地進食優質的早餐，他們的數學成績會有顯著的進步，即使是平時沒有吃早餐習慣的學生，只要增加吃早餐的次數，亦對學業成績有正面的幫助！

誠然，維持恆常的早餐習慣是明智之舉，但吃早餐也需要分 Quality 和 Quantity，即食物的分量、數量，以及食物的不同配搭和質量，包括它的營養價值、營養密度等等。如果吃早餐的習慣能配合不同營養素的種類，例如蛋白質、碳水化合物、健康脂肪，而當中含有足夠的卡路里，就能提升我們的學習表現。

從日常觀察所得，香港許多學生的早餐只是一個麵包（甚至只是一片方包），或吃一碗混醬腸粉，飲一盒紙包飲品，已經不太夠時間，有時連一片麵包都來不及吃就已經出門上學。這樣馬虎的早餐配搭缺乏了蛋白質、優質碳水化合物和健康脂肪的三合一，不但未能為身體提供足夠的熱量，亦未必令我們有飽

足感。再者，在缺乏蛋白質的情況下，血糖的升幅變大，例如只吃一片白麵包，血糖的升幅就會比較高和快。如果我們經常只吃一些單糖、容易消化的簡單碳水化合物為主的食物，變相在進食後消化了又吸收了糖分，體內的血糖就像玩過山車一樣，升得快和高，又跌得急和更加低，甚至比平時需要控制的血糖水平為低，於是，上課時就更容易打瞌睡了。

早餐應該吃甚麼？

那麼，求學時期的小朋友早餐應該吃些甚麼？讓我跟大家分享一些小貼士。選擇一些全穀物的碳水化合物，例如：番薯、麥片、麥包，或者是全穀物的早餐。這些食物含有較豐富的維他命和礦物質。而蛋白質的選擇，可以是雞蛋、低糖豆漿，或者是一些低脂肪的蛋白質食物（茄汁豆是我小時候會吃的食物，現在可以買到低糖版）。至於健康脂肪，其實牛油果也是脂肪類，或者吃無添加糖的天然花生醬就會同時有脂肪和蛋白質。最近我吃黃豆醬，是用非基因改造的黃豆，製成類似花生醬的質感，這是不錯的早餐選擇。黃豆醬除了有豐富蛋白質和植物性油，還有奧米加 -3 脂肪酸，對腦部發育也有幫助。

再補充一些理論。

由於睡眠時身體處於沒有吸收能量又要運作的狀態，例如呼吸和心跳，所以休息時間身體仍然需要工作，因此一早起來時，身體會比較需要用早餐來提升或重啟新陳代謝，又要透過吃早餐來補充一天的能量和營養需要。

吃早餐對兒童來說尤其重要。因為一些正電子掃瞄顯示，兒童的腦部比成年人需要較多糖分。四至十歲的兒童，腦部需要的葡萄糖代謝率是成年人的兩倍，而三至十一歲兒童的血流量是成年人的 1.8 倍，腦部的氧氣利用率是 1.3 倍，所以晚上睡眠

後，因為兒童需要的睡眠時間比成年人更長，即是說有更長的禁食期，所以一晚過後就會消耗身體中的糖分儲存量。

有吃早餐習慣的孩子，他們的營養攝入會更好，亦會減少兒童肥胖的機會。早餐對兒童的行為、認知、學校表現、學習的積極性都有影響，特別是對記憶和專注領域影響更大。所以，早餐對不同組別的兒童都有好處，包括營養不良的兒童和青少年、不同的社會和經濟背景的孩子，早餐都有即時和長期的影響。

 ## 早餐的健康選擇

全麥麵包、四湯匙低糖茄汁豆或高鈣低糖豆漿，再配合新鮮的水果，是一種理想配搭。一碗全穀物的燕麥，加堅果、種子類和新鮮水果，配合植物奶一起食用，或者是全麥麵包配天然花生醬加奇異果片或蘋果片一起食用。

特別要注意，早餐不宜食用精製、含糖分，或者油膩食物。例如加了牛油的鬆餅、高油高糖的焗製麵包類，同時避免吃甜的粟米片、糕點，又或者單一的果汁，亦不建議吃薯片或汽水等低營養食物。

天然花生醬配全麥麵包和奇異果，是秋惠簡易快捷的早餐。

17

穀物早餐脆脆

口感脆卜卜的自家製早餐脆脆包含多種礦物質，含豐富纖維素、蛋白質、碳水化合物、健康脂肪如奧米加 -3 脂肪酸，可以用來送豆漿、杏仁奶，同時可作為下午茶或茶點，與朋友及家人共同享用！

What is...?

無麩質飲食

對麩質食物敏感的人，應留意購買的燕麥片是否標明為無麩質燕麥，其實燕麥本身不含麩質，但很多工廠在處理燕麥時，會於過程中同時處理小麥、黑麥、大麥等其他含麩質食材，所以會有交叉污染的可能。

營養標籤

每食用量：
½ 碗 （55 克）

	每份
熱量	271 千卡
蛋白質	7.8 克
脂肪	20 克
飽和脂肪	20 克
碳水化合物	20 克
糖	7.7 克
纖維	4.4 克
鈉	62 毫克

食材（10 人份量）

燕麥 1 杯（80 克）
生杏仁 ½ 杯（50 克）
生核桃 ½ 杯（40 克）
生榛子 ½ 杯（60 克）
南瓜籽 ½ 杯（60 克）
提子乾 ¼ 杯（30 克）
無糖椰絲 ½ 杯（可不加）
黑芝麻 2 湯匙（20 克）
奇亞籽 1 湯匙（10 克）

調味料

橄欖油 1 湯匙
檸檬皮 1 湯匙
雲呢拿香油 ½ 茶匙
薑蓉 ¼ 茶匙
玉桂粉 ¼ 茶匙 （適用於冬季）
海鹽 ¼ 茶匙
楓樹糖漿或龍舌草蜜 ¼ 杯
（60 毫升）

步驟：

1. 預先把杏仁、核桃、榛子、南瓜籽切碎；預熱焗爐至攝氏 170 度。
2. 預備一個大碗，將燕麥、果仁、提子乾、椰絲、芝麻及奇亞籽混合。
3. 將楓樹糖漿、橄欖油、雲呢拿香油、薑蓉、玉桂粉、海鹽及檸檬皮混合後加入大碗內。

Tips!

貼士

將乾與濕的食材分開混合好，再混合一起可令材料比較均勻。

4. 將材料倒進噴上煮食油的焗盆，將之壓平成一層。
5. 焗大約 10 分鐘至微黃或淺啡色，取出，置於室溫放涼。

Tips!

貼士

烤焗前壓平混合物可以令材料均勻加熱，以防有部分未熟或過熟的情況。

6. 以木鏟將混合物弄散開，反轉材料壓平，再焗約 8 分鐘至呈金黃色，取出，待冷卻。
7. 放進一個密封的玻璃器皿中可保存一星期。

Crunchy Breakfast Cereals

Ingredients (10 servings)

1 cup (80 g) rolled oats
½ cup (50 g) raw almonds
½ cup (40 g) raw walnuts
½ cup (60 g) raw hazelnuts
½ cup (60 g) pumpkin seeds
¼ cup (30 g) raisins
½ cup sugar-free shredded coconut (optional)
2 tbsps (20 g) black sesame seeds
1 tbsp (10 g) chia seeds

Seasonings

1 tbsp olive oil
1 tbsp lemon peel
½ tsp vanilla oil
¼ tsp grated ginger
¼ tsp cinnamon powder (use in winter)
¼ tsp sea salt
¼ cup (60 ml) maple syrup / agave nectar

Steps

1. Chop the almonds, walnuts, hazelnuts and pumpkin seeds into small pieces; preheat the oven to 170 ° C
2. In a small bowl, mix maple syrup, oil, and chia seeds, spices, salt and lemon peel.
3. In a separate bowl, mix in oats, nuts, raisins, shredded coconut, sesame and chia seeds.

Tips

Mix wet and dry ingredients separately in advance will make mixing easier.

4. Pour the wet ingredients into the dry and stir until evenly coated
5. Line the pan with baking paper and spread the mixture out evenly onto the pan. Alternatively spray the pan with oil and put in the mixture directly.Bake for about 10 minutes to light golden brown, remove and let cool at room temperature.

Tips

Flattening the mixture before roasting can evenly heat the ingredients to prevent partial uncooked or overcooked.

6. Loosen the mixture with a spatula, turn the mixture to the other side and bake for another 8 minutes until the surface is golden brown. Remove and let it cool.
7. The crunchy cereal can be store in a glassware and enjoy within one week.

7

14
歲

14

21
歲

21

28
歲

30
+
歲

要名列前茅，
先要成為運動愛好者

很多家長認為小朋友要成績好，就是要讓他們大部分時間都專注在上課學習和課後溫習，要減少他們運動及玩樂的時間。我們可能沒有想過，其實足夠的運動有助小朋友在學業上取得佳績！

中小學時，我是一個喜歡運動的學生，每逢小息必定要到操場跳繩，伸展一下，舞蹈、球類運動及群體運動都是我喜愛的。一直到了中六，我還有跳舞的習慣，還記得當年我們為了參加跳舞比賽，連放假都會回校綵排跳舞。運動量愈大，對我的學業成績反而有正面的影響。自中一開始，我的學業成績幾乎每年都排在全級的前三名。

運動對學童的正面影響

有研究指出，運動對學業成績確實有正面影響，較活躍的學生，他們在學校的成績比不活躍的學生為高，結果尤反映在數

學及語言科目中，較活躍的學生奪 A 的比率相較不活躍的學生高出兩成之多！因為考試測驗而過分用腦，勉強將專注力集中，會令身體產生「壓力荷爾蒙」皮質醇，腎上腺素因緊張而升高，有機會加速腦中神經元的壞死，導致腦部萎縮，反而影響學習表現。運動或體能活動可以透過生理認知行為心理機制，為兒童及青少年的學業帶來即時及長遠的益處。參加體育運動亦可以令兒童及青少年建立良好的自我形象，而學童在體能方面的表現亦有助提升自尊心及社交技巧。自尊感較高的學童透過運動帶來的自信，有助激發學習動機，這是良好學業成績的決定性因素之一。研究亦指出，相較不參與運動的學童，熱愛運動的學童有較高的抗壓能力及社會適應能力。

我建議小朋友每天將時間平均分佈在學習、運動與遊戲三者之間，起碼有 60 分鐘的運動時間。學習主要運用腦部、視力、聽覺、思考及記憶的區域，而做運動時使用的腦部區域並不一樣，因此運動時可以令學習所用到的區域得到休息，亦能夠令腦部於不同區域得到均衡的刺激，對腦部整體發展有莫大幫助！所以不只是睡眠才能讓人的腦部得到休息，適當的運動亦可令我們回復原有的學習效率和恢復專注力，同時亦可以增加身體的血液循環，提升心肺功能，而運動帶來的安多酚亦對調和壓力及負面情緒有很大的幫助，還能改善睡眠質素。

要全面提升腦部發育，睡眠、均衡飲食及適當運動三者缺一不可。學習一定時間後，休息 5-15 分鐘，適量進食堅果、乾果類或新鮮水果等健康小食，較能增加學習效率。世界衛生組織建議，5 至 17 歲兒童每日要做 60 分鐘中等強度的運動。現時香港起碼有一半學童未能達標，若家長想小朋友成績好及身體健康，建議先讓子女做運動輕鬆一下再學習，一定會事半功倍！

營養標籤
每食用量：
1/8 份　　(315 克)

	每份
熱量	320 千卡
蛋白質	13 克
脂肪	8.7 克
飽和脂肪	1.5 克
碳水化合物	50 克
糖	8.2 克
纖維	13 克
鈉	520 毫克

番薯批

Sweet Potato Pie

牧羊人批是外國常見的食物,正宗的煮法會以馬鈴薯做餡,這個改良版將馬鈴薯換成連皮番薯,營養價值會較高、纖維素較多,蛋白質亦較豐富,適合小朋友補充身體所需!

7
—
14
歲

14
—
21
歲

21
—
28
歲

30
+
歲

食材(8 人份量)

番薯 1 公斤
紫洋蔥 1 個 (250 克)
紅蘿蔔 1 條 (140 克)
罐裝番茄粒 1 罐 (400 克)
綠 / 紅色罐頭扁豆 1 罐 (400 克)
無糖豆漿 200 毫升
純素車打芝士碎 85 克
植物牛油 25 克
橄欖油 1 湯匙
清水 150 毫升

調味料

新鮮百里香 2 湯匙(可不加)
蔬菜濃縮湯粒 2 粒

步驟：

1 番薯不用去皮，切粒；紅蘿蔔切粒及洋葱切片。

2 將番薯蒸熟，連同植物牛油一同將番薯壓成蓉，可加入小量海鹽調味。

3 燒熱油鑊，將洋葱炒成微黃色。

4 加入紅蘿蔔粒及小量已切碎的百里香。

5 加入無糖豆漿及清水，同時倒入番茄粒及濃縮湯粒，水滾後轉中細火煮 10 分鐘。

6 將罐頭扁豆連同扁豆水一同加入，蓋上蓋子煮 10 分鐘。

7 準備一隻高身碟，加入扁豆，並將番薯薯蓉鋪面，撒上芝士碎及剩餘的百里香，形成批狀。

8 預熱焗爐至攝氏 190 度，將批放入，焗 20 分鐘直至表面呈金黃色及脆身，完成。

Tips!

貼士

可夾起一小塊紅蘿蔔試味，若紅蘿蔔軟腍而又有咬口即成。

How to...?

如何能夠食得更有「營」？

可以將椰菜花洗淨蒸熟，配搭番薯批一同食用，纖維更多，營養更豐富！

S w e e t   P o t a t o   P i e

Ingredients (8 servings)

1 kg sweet potato

1 (250 g) red onion

1 (140 g) carrots

1 can (400 g) canned tomato

1 can (400 g) green/ red canned lentils

200 ml sugar-free soy milk

85 g shredded vegan cheese

25 g margarine

1 tbsp olive oil

150 ml water

Seasonings

2 tbsps fresh thyme

2 vegetable stock cubes

Steps

1. Chop the sweet potatoes and carrots into cubes. Slice the onion.
2. Steam the sweet potato until tender, mash it with margarine and small amount of sea salt to taste.
3. Heat the oil in the saucepan and sauté the onion till lightly brown.
4. Stir in the carrot with small amount of chopped thyme.
5. Add soy milk and water. Pour in the tomato and vegetables stock cubes and bring to a boil. Simmer for about 10 minutes.
6. Pour in the canned lentils together with the liquid, cover and cook for another 10 minutes.
7. Add the lentil mixture into a glass baking dish. Top with mashed sweet potato and sprinkle with cheese and the remaining thyme.
8. Preheat the oven to 190 ° C. Bake the pie for 20 minutes until the surface is golden brown and crisp.

Tips

Once the carrot is tender, it should be ready.

下午茶健康選擇

您還記得小時候每當下課的鐘聲響起,衝到小食部買的是甚麼小食呢?

記得當年我很愛買紫菜、旺旺仙貝還有蜜瓜豆奶,現在長大了當然知道那些都是加工食品。那麼我們應該怎樣挑選下午茶小食,才能食得滋味又健康?

大人、小朋友挑選下午茶小食的三大要點:

1. 含豐富纖維素

2. 含豐富蛋白質

3. 含健康脂肪或低升糖指數的碳水化合物

當然,不是每個人都需要吃下午茶或零食,但若然我們在餐與餐之間的時間多於 4 小時,我會建議吃一個健康的下午茶,保持血糖水平,以維持良好的精神狀態,有助改善學習表現!

番茄	+	雞蛋	+	全麥麵包 / 多穀麥麵包
蘋果或奇異果切片		天然花生醬		
素肉鬆 / 芝麻 / 紫菜		非機因改造黃豆醬		
新鮮水果切件	+	鷹嘴豆醬 / 自製杏仁醬		
一小罐低鈉番茄汁	+	1.5 安士的南瓜籽		
一至兩款新鮮水果	+	青瓜	+	杏仁奶 / 無糖豆漿打成蔬果露
即沖燕麥	+	堅果 / 乾果		

 ## 一盒藜麥沙律配搭彩虹顏色的蔬菜

除了以上的選擇,還可選擇低溫脫水蔬果片,配以高鈣無糖豆漿,或在家自製日式飯團,以糙米或五穀米加入紅豆甚至是毛豆,選用無添加油和鹽的紫菜及一些簡單餡料如素肉鬆,令蛋白質及營養較豐富。

派對美食：素雞髀

想起小時候學校不時會舉行大食會，我會在家與家人及工人姐姐一同炮製素雞髀回去分享，每一次都被同學吃個清光，美味又營養價值高的素雞髀，是最受歡迎的派對食物。

食材（3 碗）

鮮腐竹 4 條 (約 70 厘米 長)

乾腐皮 1 大張 (一開八)

紅蘿蔔 1 條 (150 克) (切至 8 條 20 厘米長棒)

煮食油 ½ 茶匙

醃料

生抽 1 湯匙

老抽 1 湯匙

黃糖 / 黑糖 2 茶匙

步驟

1 預先醃鮮腐竹 10 分鐘，不時翻轉腐竹，令顏色更均勻。

2 將原塊乾腐皮攤開切分成 8 份。

3 鮮腐竹切半，一手拿着紅蘿蔔棒，以半條腐竹圍着紅蘿蔔棒慢慢以打圈形式捲好。

4 最後腐皮包在最外層。

Tips!

貼士

開少量粟粉漿作黏合。

營養標籤

每食用量：	1 件
	每份
熱量	80 千卡
蛋白質	6.5 克
脂肪	4.3 克
飽和脂肪	0 克
碳水化合物	6.1 克
糖	2.2 克
纖維	0.6 克
鈉	260 毫克

煮法一：

1. 稍微印乾素雞髀外層的水分，
   於易潔鑊下少許油。
2. 將素雞髀煎至金黃色即成。

Tips!

貼士

若以噴壓式的油噴上易潔鑊來取代下食
用油會比較低脂肪。

煮法二：

1. 於焗盤鋪上錫紙，表面噴一層
   油，將素雞髀放上。
2. 預熱焗爐至攝氏 180 度，焗約
   10 -12 分鐘至雞髀呈金黃色、
   開始乾身即成。

Tips!

貼士

將焗製的時間分開一半，若其中一面的
表面已開始呈金黃色，即可取出，反轉
素雞髀，令兩邊皆呈金黃色。

What is...?

腐皮的營養價值

腐皮是黃豆製成品，
屬於含豐富蛋白質的食物！

V e g a n   D r u m s t i c k

Ingredients (makes 3 bowls)

4 fresh beancurd sticks (~ 70 cm long)
1 dried beancurd sheet (cut into 8)
1 carrot (150 g) (cut into eight 20 cm sticks)
½ tsp cooking oil

Marinade

1 tbsp soy sauce
1 tbsp dark soy sauce
2 tsps brown sugar

Steps

1. Marinate the beancurd sticks for 10 minutes.
2. Cut the beancurd sheet into 8 pieces.
3. Cut the beancurd sticks into halves. Use half a piece to wrap around each carrot stick.
4. Finally roll the beancurd sheet around as the outer layer.

Tips

Use cornstarch paste as sticking agent to stablize the end.

Pan-fry method

1. Slightly pat dry the outer layer of the drumstick with paper towel.
2. Heat the non-stick pan with oil, sauté the drumsticks until they turn golden brown.

Tips

Use an oil spray on the pan will prevent using too much oil.

Over bake method

1. Lay the tray with baking paper before spraying a layer of oil on the surface.
2. Preheat the oven to 180°C, place the drumsticks on the tray and bake for 10 -12 minutes or until they turns golden brown.

Tips

When one side of the drumsticks begin to appear golden brown, turn the drumsticks to the other side and return to baking.

1.4

跟嫲嫲學煮餸

童年時我和嫲嫲相處的時間較多,她經常做菜給我們吃,其中一樣家中各人最喜歡吃的菜式,材料配搭多元化又色彩繽紛,大家每次都吃得津津有味。除了味道,它的口感亦是大人小朋友都適合,又容易咀嚼和消化,在此我想和大家分享。

假如你經常在家煮飯,最好能做到每一道餸菜,都起碼由三至五種不同顏色的材料組成,這樣可確保每道菜都多元化、有抗氧化營養素、維他命、礦物質等,供我們攝取吸收。顏色鮮豔的蔬果有不同的植物營養素(Phytonutrients),或者叫植物素,這些植物素就是提供抗氧化、抗衰老、抗癌症、抗發炎的功能,所以煮飯煮得繽紛,營養就愈豐富。

我們一家四口都很喜歡跟嫲
嫲學煮餸。

一起慶祝嫲嫲（右）的生日。

營養標籤

每食用量：	1 份
	每份
熱量	115 千卡
蛋白質	6.8 克
脂肪	2.9 克
飽和脂肪	0.3 克
碳水化合物	17 克
糖	2.9 克
纖維	3.6 克
鈉	220 毫克

炒粒粒

Stir-Fried Vegetables

我的家人每一個提起嫲嫲煮的菜式，第一時間都會想到「炒粒粒」這一道充滿彩虹顏色的菜式，這道菜是我們的美好回憶。

食材（6 人份量）

豆角 6 條 (140 克)
豆乾 1 件 (180 克)
紅蘿蔔 1 條 (80 克)
菜脯 30 克
黃、紅色燈籠椒 各 ½ 個
冬菇 (泡軟)3 朵 (35 克)
沙葛 ½ 個 (220 克)
煮食油 1 茶匙

調味料

麻油 1 茶匙
老抽 1 茶匙
椰子花糖或黃糖 1 茶匙
海鹽 ¼ 茶匙

What is...?

豆乾

豆乾有分五香豆乾和原味豆乾，五香豆乾口感比較結實硬些的，而原味豆乾就比較淺色及鬆軟些。可以視乎身體狀態或者自己的喜好選擇，如果想少些鈉的含量及容易咀嚼可以選原味豆乾。另外，這一道菜拌飯（如糙米飯、紅米飯、十穀飯）很好，適宜於翌日帶飯回公司吃。

步驟

1. 冬菇預先泡軟後，加入 1-2 滴油及黃糖，以大火隔水蒸 15 分鐘至軟，放涼後去蒂切粒。

2. 沙葛去皮，將沙葛、豆角、豆乾、紅蘿蔔、菜脯、紅及黃色椒燈籠椒切成大小相約的粒粒。紅蘿蔔以大火隔水蒸約 8 分鐘至軟。

3. 當所有材料準備後，開鑊將油加熱，首先加入比較硬的材料以中火快抄，豆乾在最後下鍋炒香。

4. 加約 2 茶匙的水進鍋裏，然後上蓋焗 3 分鐘。加入少量的椰子花糖或黃糖，以及老抽上色調味。

Tips!

貼士

煮豆角時，可以加點海鹽粒，令豆角更加鮮甜。菜脯、冬菇已經有調味，所以只需加少許老抽，低鈉或低鹽煮食更健康。

5. 最後可以加麻油提升色澤和香味，即成。

Tips!

貼士

中途可以試食，如果食材軟硬度適中便可以了。

Stir-fried Vegetables

Ingredients (6 servings)

6 (140 g) long green beans (Yardlong bean)

1 (180 g) dried beancurd

1 carrot (80 g)

30 g preserved radish

½ yellow and red bell pepper each

3 shiitake mushroom (soaked) (35 g)

½ yam (220 g)

1 tsp cooking oil

Seasonings

1 tsp sesame oil

1 tsp dark soy sauce

1 tsp coconut sugar or brown sugar

¼ tsp sea salt

Steps

1. Soak the shiitake mushroom in advance. Add 1-2 drops of oil and brown sugar. Steam for 15 minutes until soften. Allow to cool and cut into small pieces.
2. Peel yam. Dice the yam, green beans, dried beancurd, carrots, preserved radish and peppers into small cubes. Steam the carrots for about 8 minutes until soften.
3. Once all the ingredients are prepared, heat the oil in the pan. Sauté the harder ingredients first over medium heat and add dried bean curds last. Sauté for 1-2 more minutes.

4. Add 2 tsp of water and cover with lid and boil for 3 minutes. Season with a coconut sugar or brown sugar and dark soy sauce.

Tips

When cooking the green beans, you can add a bit of sea salt to enhance its sweetness. As the preserved radish and mushroom have already been seasoned, you only need small amount of dark soy sauce. A low sodium/salt cooking is preferred.

5. Finally, add a tsp of sesame oil to bring out the color and aroma.

Tips

You can try the ingredients during cooking and stop cooking once it reaches your desired texture.

1.5

回憶裏的味道——
外婆的養生家常食譜

提起外公外婆，腦海中第一個閃過的總是外婆在廚房做菜的畫面。

外婆是一個烹飪高手，再複雜的中菜都難不倒她那雙巧手。上一代的家庭比這一代人更願意生育，外婆生了七個孩子，一雙手照顧這麼多張口的伙食，訓練了好廚藝。每逢過時過節，外婆便會大顯身手，飯桌就會放滿她做的佳餚，一家團聚又能吃到她做的菜，大家都很歡欣。我小時候最喜歡外婆在農曆新年時做南瓜黃金糕和手工製的鹹湯圓，每次都忍不住吃上很多，也因而令我對佳節的來臨充滿期待。

外公是中醫師，使外婆在烹飪方面有了養生的概念。外婆的七個孩子中，我的母親排在中間，小時候媽媽帶我回娘家，都會吃到外婆親手烹調的養生湯水，也在外公的中醫館裏學習了不少草本中藥的名稱。外婆經常提醒，炎夏的消暑湯水必用的材料中，蘋果、雪梨、冬瓜、佛手瓜等都是夏天的上佳瓜果，配

搭南杏、淮山、百合等藥用食材煲湯，可以清熱降火，同時潤肺生津。

每次喝外婆煲的湯，她都會勺上大半碗的湯料，讓我們伴着湯水一同食用。其實「喝湯要食湯料」是營養學中一個重要的健康原則。很多人以為只喝湯水便能攝取足夠的營養，但研究指出，湯中有接近七成的營養仍保留於湯料內，因此喝湯同時「食湯」，才能攝取最多的營養。

外婆（左）和嫲嫲（右）在父母親婚禮合照。

營養標籤	
每食用量：	
1 件	(100 克)
	每份
熱量	200 千卡
蛋白質	3.9 克
脂肪	3.2 克
飽和脂肪	0.6 克
碳水化合物	40 克
糖	1.6 克
纖維	1.6 克
鈉	2.3 毫克

健美杞子南瓜糕

Goji Berries Pumpkin Cake

色澤金黃、清甜軟糯的南瓜糕是婆婆於過節時必做的傳統糕點。營養
價值豐富的南瓜有滋補美顏的功效,改良版的健美南瓜糕無鹽、少糖,
以栗子代替肉碎,更能帶出南瓜天然的鮮香味道,適合正進行體重管
理、著重保養的你。

食材（10 件）

南瓜 500 克

冬菇 3 朵 (35 克)

腰果 ½ 杯 (50 克)

熟栗子 8 粒 (100 克)

粘米粉 300 克

粟粉 45 克

水 2 杯

煮食油 ½ 茶匙

砂糖 1 茶匙

裝飾

杞子適量

步驟

1 預先把腰果及冬菇浸軟;冬菇去蒂、切粒,加入油及砂糖,隔水蒸約 15 分鐘。

2 南瓜皮去掉,切成塊狀後隔水蒸熟,用叉壓成南瓜泥。

3 預備一個大碗,將粘米粉、粟粉倒入,加水混合後倒入南瓜泥,攪拌均勻。

4 於南瓜粉漿中加入冬菇粒、腰果及栗子,拌勻。

5 將粉漿倒入蒸盤,隔水蒸約 30 分鐘。

6 於蒸好的糕面上撒上杞子或紅棗乾,點綴糕身,完成。

Tips!

貼士

想知道南瓜糕是否已蒸熟,可在糕身插一枝筷子,抽出沒有黏附物代表已熟。

How to...?

更滋味的食法

由於栗子有天然的甜味,因此這個食譜不需要太多糖,嗜甜的朋友可將蒸好的健美杞子南瓜糕切成小塊,進食時沾少許龍舌草蜜或楓糖漿,令本身帶有南瓜清香的糕點更加鮮甜可口。

Goji Berries Pumpkin Cake

Ingredients (10 servings)

500 g pumpkin

3 pieces (35 g) dried Chinese mushrooms

½ cup (50 g) cashew nuts

8 pieces (100 g) cooked chestnuts

300 g rice flour

45 g corn starch

2 cups water

½ tsp oil

1 tsp sugar

Toppings

A handful of goji berries

Step

1. Soak the mushrooms and cashew nuts in water. Dry up the mushrooms and dice into small pieces. Add a drop of oil and sugar, then steam for about 15 minutes.
2. Peel and slice the pumpkin. Steam for about 15 minutes, then mash it with a fork.
3. Place the rice flour and corn starch into a big bowl, mix in water. Add the mashed pumpkin and mix evenly
4. Mix the diced mushrooms, cashew nuts and chestnuts into the pumpkin-flour mixture.

5. Pour the mixture into a deep plate, steam for around 30 minutes.
6. Sprinkle goji berries or jujube on the cake for decoration. Serve warm.

Tips

Insert a chopstick into the cake to test whether it's cooked. A clean pull out indicates the cake is well done.

7
14 歲
14
21 歲
21
28 歲
30 + 歲

1.6

露營食咩好？

人生第一次寫食譜，是在我當童軍考烹飪徽章需創作自己的食譜時，我還和家人商量，後來就寫了一個素雞塊炒西芹的食譜。當童軍的經驗令我們懂得善用現有的食材，或者一些簡易的食材或方式煮出特別的風味。當年我在 245 旅童軍去大潭童軍營，還記得我們在煮食前需要先搭建好所需工具，例如桌子、燒烤架等。那次最簡單又方便的食譜就是烤麵包，麵粉加水揉一揉，將麵粉糰像編辮子般捲在竹子上，然後拿去火堆上面烤，就有烤麵包吃了。去露營的朋友們，最開心莫過於在戶外烹飪，他們都會挑選一些容易處理或者加工過的食物，例如罐頭或醃製食物等，避免帶蔬果，由於一來重，二來嫌煩，因為吃之前要洗淨才可煮。

學習增智慧

綜合過往經驗，以下是我建議大家帶去露營而且製作容易的食材：

菜蔬類：番薯、紅蘿蔔、粟米、西蘭花、瓜類，如節瓜、翠玉瓜，這些食材在常溫保存的時間較長，且放在袋中比較不易受壓、受損；

乾貨類：蕎麥麵、意粉、涼拌粉皮、豆製素肉，素食超市裏有脫水的素肉粒或素肉片，煮時加水浸泡就會變回原來的軟硬度；

零食類：果仁、乾果、脫水蔬果片等。

正正是我曾經參與童軍活動，令我有更多機會在烹飪的基礎上搞搞新意思，現在很多時都是在家中看有甚麼食材，再去想怎樣配搭，創出屬於我的「一鍋熟」one pot meal，一人前菜式。

紅蘿蔔小米煮豆豆

這個食譜可以用作早餐或午餐。大家可能聽過小米粥，其實在外國都是經常用來煮粥，或與五穀米混合一起煲飯吃，其實小米可以作主食，它的營養真的很豐富。

Tips!

貼士

這個食譜有豐富的纖維素和蛋白質，對降膽固醇和減少血糖升幅都有幫助，對皮膚和眼睛的健康有好處。另外，小米含維他命 B 雜、鐵質、鈣質、鎂質等微量元素。鎂質可以幫助增加快樂賀爾蒙和血清素，改善的神經緊張，穩定血壓，對心血管有好處。小米沒有麩質（gluten-free），適合有乳糜瀉或對麩質敏感的人士。

營養標籤

每食用量：	1 份
	每份
熱量	329 千卡
蛋白質	11 克
脂肪	10 克
飽和脂肪	1.4 克
碳水化合物	50 克
糖	7.5 克
纖維	9.5 克
鈉	350 毫克

食材（2 人份量）

熟小米 1 杯 (175 克)
紅蘿蔔 1 條 (150 克)
熟紅腰豆 / 鷹嘴豆⅓杯 (55 克)
煮食油 1 茶匙

調味料

鹽 ¼ 茶匙

步驟

1 紅蘿蔔切薄片。

2 小米及水以 1：2 的份量放進鍋中加熱，
  不時要攪拌。

3 煲約 15 分鐘或小米吸收了大部分的水
  後，加油及紅蘿蔔片。

4 最後倒入豆類及海鹽調味，即成。

Tips!

貼士

見到小米脹起了一點可試食，當小米軟
了便可以了。

Millet Chickpeas & Carrot Quick Meal

Ingredients (2 servings)

1 cup (175g) cooked millets

1 (150g) carrot

⅓ cup (55 g) red kidney beans/ chickpeas

1 tsp oil

Seasonings

¼ tsp salt

Steps

1. Cut carrot into thin slices.
2. Put dried millets and water (1:2 ratio) into a pot and bring to a boil.
3. Cook for 15 minutes or till water is mostly absorbed, add oil and carrot slices.
4. Finally add canned beans and salt to taste.

Tips

The millets are ready when they begin to swell and become soften.

明目眼部運動

瑜伽導師 / 學生：鄧麗薇
中文翻譯：陳惠琪

眼球和眼瞼：內部連接到視覺處理

從我們一天起床的那一刻起，我們不斷地使用視覺，不僅用於閱讀和觀看，而且在集中注意力、批判性思維，甚至步行（平衡）時也會不斷使用眼睛。視覺是如此強烈的感覺，我們可能經常讓它在其他感官上佔主導地位。

在這個現代社會中，我們經常會用到不同的科技產品，例如高清藍屏、手機、電視、電腦 / 平板電腦、LED 標牌 / 廣告牌，我們在生活中無法擺脫這些高強度的燈光。已知許多人患有電腦視覺綜合症（CVS），患者會出現視力模糊、眼睛乾澀、疊影、畏光或頸膊痠痛、頭痛背痛等症狀。

我們可透過瑜伽練習，加強放鬆和恢復我們的視力。

熱身：

面向黑暗表面並快速眨眼 10 至 20 次，休息 10 秒（3 次深呼吸）並重複 3 至 5 次。

注意:運動有助於為眼球分泌更多液體，有利於緩解眼睛乾澀。

放鬆 5-10 分鐘：

1. 找到舒適的坐姿。

2. 感覺從頭至腳，整個身體固定而輕鬆。

3. 意識到眉心、眼瞼、下顎和嘴唇的放鬆。

4. 放鬆心靈，保持靜止。

注釋：優化眼睛的休息；我們的心理與眼球運動相互關聯。如果看到有人在睡覺時做夢，會發現他們的眼球在快速移動。即使我們在思考，也會無意識地將眼睛向上或向側面轉。

強化：（圖 ①-⑤）

1. 向右和向左看（每側保持 1-2 秒）。

   · 不移動頭部，在眼部肌肉中感受到柔軟的伸展。

   · 每組重複 10 次，持續 3 組。

2. 休息（閉眼），進行 3 次深呼吸。

3. 跟着以上步驟，再練習向上和向下看，順時針和逆時針看（以嘀嗒節奏）。

注釋：強化運動對於懶惰或下垂的眼睛有益，可有助於抬起眼部周圍的皮膚。

Bhramari Pranayama（蜂鳴呼吸）

1. 穩穩舒適地躺在地上。

2. 嘴唇和眼瞼輕輕閉上，將食指塞住耳朵（密封）。

3. 通過鼻孔吸氣。

4. 慢慢呼出一口氣，並發出柔和的 hummm 聲音（嗡嗡作響的蜜蜂）。

5. 重複 5-10 次。

注釋：這是一項很好的運動，使用呼吸振動來釋放頭部、眼睛、鼻子和大腦的緊張感。 睡前做可緩解頭痛。

Chapter 2

14-21 歲
「無痘美肌秘訣」

2.1

家中沒有的甜品

青春期間，學校有很多老師、同學和同學的家長都會問我媽媽，究竟秋惠平時吃些甚麼呢？為甚麼她和其他同學相比，臉上幾乎沒見過有暗瘡，皮膚好好，究竟有甚麼飲食秘訣？

我以前喜歡吃蛋撻、香蕉蛋糕，但幾個月才會吃一次，而其他甜品、糖水，在成長過程中都比較少吃，又或者不會特別喜愛。

其實攝取高糖分的食物或者飲品，會令我們身體多了氧化的現象和增加發炎因子，加速皮膚老化和長暗瘡。另外，高糖分的

飲食會令胰島素上升較多，我們儲存脂肪的水平較高。脂肪除了儲存在脂肪組織，還會令皮下的油脂分泌較高，加上平時空氣污染環境影響，個人衛生未必做到足時，臉上便會長滿暗瘡痘痘，因而影響自信。

除了甜品之外，喝汽水、有甜味的飲品等，都有機會攝取到高糖分，如果想和痘痘說再見或者祛疤、淡斑，應該要吃抗氧化的水果、蔬菜。可試試用水果代替甜品或者用水果來配搭，自製健康甜品。

飯後甜品，是增肥的兇手，如果在晚飯後又在接近睡眠的時間，還吃高糖分的食物，那麼攝取了又耗用不到過量血糖，身體就會將它全部儲存，存在身體的脂肪組織中，而脂肪是用來儲存能量，留給身體有需要時用的，所以堅持一個星期只吃一次甜品，就是較健康的飲食模式。

營養標籤

每食用量:
2 件鬆餅

	每份
熱量	198 千卡
蛋白質	5.2 克
脂肪	3.0 克
飽和脂肪	0.5 克
碳水化合物	39 克
糖	14 克
纖維	4 克
鈉	212 毫克

香蕉燕麥鬆餅

Banana Pancake

7
—
14
歲

14
—
21
歲

21
—
28
歲

30
+
歲

材料（六件鬆餅）

燕麥 1 杯 (80 克)

熟香蕉 (佈有黑點) 1 條

新鮮藍莓 / 小紅莓 / 士多啤梨
適量

加鈣無糖豆漿 / 杏仁奶 / 燕麥奶
½ 杯

泡打粉 1 茶匙 (可以不加)

植物油 ¼ 茶匙

調味料

龍舌草蜜 / 楓樹糖漿 2 湯匙

雲呢拿精華 1 茶匙

鹽 ¼ 茶匙

黃豆醬 / 花生醬 / 果醬適量

朱古力粉

購買朱古力粉，可選擇沒加糖的黑朱
古力粉，因為黑朱古力有豐富的黃酮
類化合物，對皮膚有抗氧化作用，皮
膚自然更美更緊緻。這個鬆餅也是高
纖維之選，它的水溶性纖維高，可以
降低膽固醇及幫助排毒。

61

步驟：

1 首先將燕麥、豆漿、龍舌草蜜、香蕉、雲呢拿精華和鹽同放進攪拌機攪勻。

2 將鬆餅漿分成六份，備用。

3 燒熱不黏鍋，用掃塗勻油，將一份餅漿倒進鍋裏，每份可做中小塊鬆餅。

4 中火煎約 2 分鐘至餅邊變金黃色，翻另一邊煎 2 分鐘，即成。

Tips!

貼士

用植物油噴劑可以減少脂肪的攝取，如倒得太多油可以用廚房紙印掉。

5 上碟後，可因應喜好放上果莓或黃豆醬／花生醬／果醬。

Tips!

貼士

喜歡朱古力口味的朋友，可另外加 1 茶匙的朱古力粉放進攪拌機內。如果不想鬆餅變顏色，可以用黑朱古力粒粒，在煎鬆餅的時候才撒上去。

B a n a n a   P a n c a k e

Ingredients (Makes 6 pancakes)

1 cup (80 g) oatmeal

1 overripe banana

Fresh blueberries/cranberries/strawberries

½ cup sugar-free soy milk/almond milk/
oatmeal milk

1 tsp baking powder (optional)

¼ tsp vegetable oil

Seasonings

2 tbsps Agave nectar/Maple syrup

1 tsp vanilla extract

¼ tsp salt

Soy sauce/Peanut butter/jam

Steps

1. Place the oatmeal, soy milk, agave nectar/
   Maple syrup, banana, vanilla extract and
   salt into a processor and blend well.
2. Divide the pancake mixture into 6 portions
   and set aside.
3. Heat a non-stick pan and brush oil on the
   pan, pour 1 portion of the mixture into the
   pan. Each portion should make a small to
   medium size pancake.
4. Pan-fry for about 2 minutes over medium
   heat until the side turns golden brown.
   Turn to another side and cook for another
   2 minutes. Repeat until you finish the
   mixture.

Tips

Use vegetable oil spray can reduce fat
intake, or you can swipe off extra oil
using a kitchen paper.

5. When serving, decorate with fresh fruits or
   soy sauce / peanut butter / jam according
   to your preference.

Tips

For those who like chocolate flavor, add
1 tsp of chocolate powder to the blender.
If you don't want the pancake to change
color, you can use dark chocolate chips
and sprinkle it while pan-frying the
pancake.

7
14
歲

14
21
歲

21
28
歲

30
+
歲

2.2

青春唔要青春痘

青春期間，我們的臉上會開始長青春痘，有些人更可能會長滿全臉而且一直不消，這樣很影響青少年的自信心。我們可以做好個人護理、飲食和生活習慣幾方面，從而減少暗瘡的出現。

第一，注重個人衛生。例如在家中或者外出的時候，盡量避免用任何東西碰到臉，或用手摸完其他東西後再摸臉，這樣比較不容易有細菌感染，令皮膚的免疫力好些，可減少皮膚發炎形成暗瘡。

第二，保持腸胃暢通和健康。很多少女會有便秘的情況，原因是每餐吃的纖維量不足，平時可能喜歡吃加工食物、高糖分食物、喝水不足等。如果消化系統不健康時，額頭會比較容易出現暗瘡，而壓力大、睡眠不足都會在額頭形成暗瘡。

健康皮膚從飲食著手

青少年和女士的目標是每天攝取 25 克的纖維素。半碗煮熟的蔬菜或者一個蘋果，每一份有 4 克的纖維素，即我們全日要吃 5 份蔬果，當中可以是 2 個新鮮的水果再加至少一碗半蔬菜。某些食物中的營養素，會對皮膚健康帶來好處，例如紅豆，它的抗氧化指數比其他豆類高，可以減少長暗瘡的機會；牛油果、杏仁有豐富的維他命 E，紅蘿蔔中有胡蘿蔔素，都會在身體中轉化成為維他命 A，可提升皮膚的免疫力；全穀麥類食物除了纖維豐富，也有維他命 B 雜，是促進我們皮膚健康的重要角色，其中 B_2、B_3、B_6，都能協助我們的皮膚保持健康。

可生食的水果、蔬菜，維他命 C 豐富，可幫助增加皮膚膠原蛋白的組成。如果我們臉上已長了暗瘡，想快些癒合，或者是有暗瘡印、皮膚凹凸不平，就可以多吃蔬果以攝取豐富維他命 C，增強膠原蛋白自生的效果。平時飲食的重點要多元化，需要吸收各種維他命、礦物質，令皮膚（身體最大的器官）得以吸收不同的營養素。想抗氧化、抗衰老就要多吃水果蔬菜、全穀麥類、堅果類、種籽類等，使皮膚受到保護，在修補的時候會更快變好。

每天要喝足夠份量的水，水分不足會令皮膚乾燥，亦容易受損害。如果長時間曬太陽，也會增加皮膚受損害的機會，或者令皮膚的免疫力下降。

對於一些已經滿臉暗瘡的人，應避免飲食奶製品，例如牛奶，因為在多項研究中都指出，牛奶會增加身體的發炎因子，令我們增加長期的炎症，而這些炎症是會令我們的暗瘡陸續有來的。不喝牛奶，可以選擇其他含豐富鈣質的食物，例如加鈣豆漿、硬豆腐等。深綠色蔬菜能為人體提供可吸收的鈣質更比牛

奶多一倍。

根據研究指出，朱古力除了可幫助改善情緒、增加血清素、胺多酚，令我們開心之外，黑朱古力還有抗氧化的功效，可令皮膚的免疫力有所提升。不過在吃朱古力的時候，需要注意它是高熱量、高脂肪和高糖的食物，所以只可間中適量食用，每次大概吃兩個姆指並排的份量就足夠了。除以上研究之外，暫時也沒有證據顯示，吃朱古力會導致長暗瘡的情況，所以吃時注意份量便可以。

生理周期的影響

我們經常說抗氧化，原因是抗氧化營養素會減少身體的發炎情況，從而減少暗瘡的生成。如果暗瘡日久不散，而位置大部分長在下巴附近的話，就有機會是荷爾蒙改變，令在女性生理周期的不同日子中，更容易長暗瘡。

假設女性的生理期是每 28 日一個周期，周期的第 7 天，我們的皮膚就開始會有好轉；在第 7 日至第 14 日的時候，皮膚是最佳的狀態；到第 14 日至第 21 日的時候，胃口會變好，食慾會增加；第 21 日至第 28 日，因為荷爾蒙有很大的轉變，皮膚就會變差。荷爾蒙的轉變在第 14 天至第 21 天的時候，雌激素將會下降，而黃體酮會很快速地上升得很高；在第 21 日至第 28 日中，兩種荷爾蒙都是下降途中，但黃體酮就會多過雌激素，所以那幾天身體就會特別疲倦，情緒容易有變化、低落等，皮膚質素的轉變，就是因為黃體酮作怪而有所影響。

15 歲的秋惠 Sharon（左）和 12 歲的妹妹 Vicky（右）。

從小培養良好的飲食及生活習慣，Sharon
兩姊妹在青春期時皮膚也一樣健康。

媽咪的美白美肌湯

Mammy Beauty Soup

這美肌湯煲出來大約有四碗， 一家四口剛剛好。
加上紅蘿蔔和粟米令這個湯很甜和清潤，對皮膚非常好。

What is...?

菜乾

菜乾可清熱潤肺，馬蹄可清熱、解毒和利尿，對我們的肺、呼吸系統、免疫力，尤其是皮膚特別有功效，加入紅蘿蔔後比較不寒涼。喝湯記緊連湯渣都要吃，紅蘿蔔、粟米有碳水化合物及高纖維，可以減少飯量。

營養標籤

每食用量：	1 碗
	每份
熱量	195 千卡
蛋白質	6.7 克
脂肪	1.8 克
飽和脂肪	0.3 克
碳水化合物	44 克
糖	10.8 克
纖維	10 克
鈉	424 毫克

食材（4 人份量）

菜乾 1 兩（38 克）
粟米 2-3 條（500 克）
紅蘿蔔 2 條（500 克）
馬蹄（中型）10 粒（70 克）
清水 6 碗

步驟：

1 預先浸泡菜乾。

2 切去馬蹄的頂部和底部，用刷子清洗乾
淨。

3 將所有配料放入注滿水的湯鍋中，蓋上
蓋子。

4 煮沸後加蓋中火煲約 45 分鐘即可飲
用。

Tips!

貼士

紅蘿蔔和粟米切得越細塊，材料越容易
出味。更可以預先以白鑊炒香材料才加
入水中，湯會更香濃。

Mammy Beauty Soup

Ingredients (4 servings)

1 tael (38 g) dried vegetables

2-3 corn (500 g) (Cut into 3 pieces each)

2 carrots (500 g)

10 (70g) water chestnuts

6 bowls water

Steps

1. Soak the dried vegetables in advance.

2. Remove the top and bottom parts of the water chestnuts, rinse well using a brush to remove the soil.

3. Place all the ingredients into a stockpot with water. Cover with lid.

4. Bring to a boil and bring to simmer for about 45 minutes and serve.

Tips

The smaller the size carrot and corn were chopped, the more flavour release to soup. May even pan-fry these two ingredients without adding oil until fragrant in advance, for soup to taste richer.

2.3

運動多，氣血好，痘印自然走

青春痘幾乎是每個少男少女的噩夢，暗瘡的大量爆發不單影響儀表，更會間接影響青少年的情緒。在最著重外表的年紀，青少年不其然會感到自卑，覺得自己的人生是悲劇，這也是人之常情。然而我中學時代沒有這種煩惱，甚至連暗粒都甚少出現，當中的秘訣十分簡單：戶外運動。

我在讀中學時就很積極參與課外活動，學跳舞如 Hip Hop、Funky Jazz、打籃球、跆拳道、花式跳繩，更有參加童軍，當中包括遠足、紮營、野外定向、領袖訓練營等等。你可能會問，究竟戶外運動如何幫助改善皮膚質素？

戶外運動對身心有益

首先，戶外運動可以令我們的血液循環變得更好，氣血運行暢通，面色當然變得紅潤，面青口唇白、灰黃臉色亦不再出現。

因此較為好動的朋友即使長痘痘，恆常的運動令他們的新陳代謝較快，不單暗瘡會較快凋謝，產生的疤痕亦會較快修復好。

而戶外運動最重要一點就是陽光。在進行戶外運動時，太陽曬到四肢的皮膚，我們的身體就會自動製造維他命 D 去增強抵抗力，釋放出來的負離子，更有殺菌的功效！

「同大自然玩遊戲」的過程中，我們可以吸收空氣中的負離子和氧氣，令整個人的正能量得以提升。有美國研究比較居住於不同環境的人的心理狀況，結果居住於大自然環境中的人對比住在石屎森林的人感覺更加年輕、有活力。因此到戶外不論是做劇烈運動、體能訓練，還是簡單行山甚至散步，欣賞沿途風景，都可令心境樂觀！這就是大自然奇妙之處，令每個人平日的作戰狀態暫停，讓身心得到休息，心情開朗，免疫力也會因而得到提升，有助對抗細菌及炎症。

如果我們終日感到焦慮、緊張，甚至抑鬱，這些情緒問題其實也會在我們的皮膚質素上反映。保持心境開朗、經常微笑，注意均衡飲食，胃口好了，自然可以保持肌膚色澤紅潤，同時減少皺紋。

下次如果有朋友組隊行山，記得不要因為工作繁忙而推卻，最好預先約定下一次行山日子，空出時間，讓我們在戶外放鬆心情，踢走疲勞！

玫瑰花水果茶

想面色紅潤？除了恆常運動，還可以考慮沖泡玫瑰花茶。能美白袪斑的玫瑰花配搭新鮮水果，具有抗氧化功效，同時營養豐富，是改善臉色、去除痘疤之選！

食材（一杯份量）
乾玫瑰花 5-8 朵
奇異果、士多啤梨、藍莓 適量

調味料
龍舌草蜜 適量

步驟

1 新鮮水果洗淨，切粒。

2 以熱開水將水果及玫瑰花沖泡
　　10-15 分鐘，加入龍舌草蜜調
　　味即成。

貼士

1. 可以用切粒無花果乾或提子乾代替新
　　鮮水果。

2. 選擇玫瑰花以色淡為佳，沖泡後的花
　　香亦會比顏色深的濃烈！

**玫瑰花茶是女性恩物，
但不是人人適宜飲用！**

請注意，由於玫瑰花茶有促進血液循環
功效，孕婦及經期中的女性不宜飲用，
以免影響健康。 記緊不要浪費水果粒，
連同飲用可增加纖維量。

R o s e F r u i t T e a

Ingredients (Serves one)
5 - 8 dried rose buds
Some kiwi, strawberries and blueberries

Seasonings
Some agave nectar

Steps
1. Rinse and cut the fruits into small dices.
2. Brew the fruit and roses in hot water for 10-15 minutes and season with small amount of agave nectar

Tips
1. You can use dried figs or dried raisins instead of fresh fruit
2. It is better to choose rose buds with lighter flower which have stronger floral fragrance after brewing.

2.4

增強記憶力飲食

當年中學會考，在最後幾個月溫習的衝刺階段，記憶力是我的好朋友。一般人會認為究竟要有甚麼超能力，才可將不同科目中的重點牢記。那個時候我運用了音樂和錄音機來增強記憶，首先將筆記重點全部邊讀邊錄起來，然後重播重播再重播，行、住、坐、臥，甚至吃飯、刷牙、去廁所都聽着自己的錄音。休息時我會播一些古典音樂，例如鋼琴、小提琴或者女子十二樂坊等，一些激昂又刺激，令我提起精神的音樂。用音樂和錄音來記憶，可以激發我們的腦部運用不同部位記住重點，這麼一來就不會看着書本就覺得睏，而無法繼續溫習了。

幫助記憶力的飲食有很多研究，我們可吃一些能夠改善腦部血液循環的食物，從而提升記憶力。其中有研究指出地中海飲食法，對退化中的腦部有改善作用，甚至可提升認知能力、記憶

力和警覺性等。

那麼我們實際上要吃些甚麼來提升記憶力呢？

 ## 第一類——不同顏色的蔬菜

除了平日會吃的綠色蔬菜，例如西蘭花、椰菜等，我們可多吃深綠色菜葉，例如菠菜、菜心、羽衣甘藍等，這些菜都有鐵質和膽鹼，幫助我們提升記憶力。

 ## 第二類——不同顏色的水果

紅色、藍色和紫色的水果，例如藍莓、車厘子、黑莓，桑葚等，它們特別深色的原因是擁有豐富的花青素和其他黃酮類化合物，這些抗氧化營養素能夠改進我們的記憶能力。可以在吃早餐時，在麥片、穀麥早餐或是乳酪中放一個掌心份量的莓類，下午茶時也可以吃新鮮或風乾的果莓類做小食。

在 2012 年哈佛有個研究，發現如果女士每日都吃一杯新鮮的藍莓，可以減慢認知退化。

 ## 第三類——藻類

海藻類植物裏有奧米加 -3 脂肪酸，裏面包含的 DHA，可以令青年和成年人改善記憶力。當平時的飲食都吸收到 DHA，那麼血液中的 DHA 就會維持一個高的水平，使腦部要運作的時候就會更加有效。只要發揮一下創意，就可以用不同種類的海藻，做一些涼菜、小食，加一些黑醋、麻

海葡萄

油、醬油等調味，就可以定時吃到好味有益又可增強記憶力的海洋植物了。我最近就試吃了一種海葡萄，它屬海洋植物的一種，外貌像提子又很像魚子的，味道及口感都有驚喜。

 ## 第四類——堅果類

我們都知道合桃的樣子很像人腦部的縮影，所以有以形補形的說法，吃合桃就是補腦的。其實合桃中的確是有一種脂肪酸，叫 ALA（alpha-Linolenic acid），在身體中 ALA 會轉化成為奧米加 -3 脂肪酸讓我們使用，對記憶很有幫助，也可以改善心血管健康。在不同種類的果仁中，都有維他命 E，它是油溶性維他命，可以減低認知退化，加上果仁中的維他命、礦物質是可以改善我們的警惕力，所以每天下午茶時間，吃幾粒大概一安士的果仁，裏面的不飽和脂肪酸可以改善膽固醇水平和減低發炎的因素，有消炎的作用。

夏季和秋季特別適合吃牛油果醬。

粒粒牛油果醬

Guacamole

牛油果是我的早餐經常出現的食材，⅛ 的大牛油果就有 1 茶匙的油，
小的牛油果大概有 4-6 茶匙的油。它含有屬於健康脂肪的單元不飽和
脂肪酸和豐富的維他命 E，對皮膚抗氧化有很大功效。合桃提供奧米
加 -3，每 2-3 粒整粒的合桃等於 1 茶匙的油。

食材（10 次份量）

牛油果 (大) 1 個 (200 g)
青檸 2-3 個 / 檸檬 ½ 個
合桃 ½ 安士 (15 g)
番茄 ½ 個 (60 g)

調味料

海鹽 ¼ 茶匙
新鮮羅勒 / 薄荷葉 數片

What is...?

牛油果

牛油果的纖維都非常高，一個大概 200
克重的牛油果有 13.5 克的纖維素。成
年女士每天建議纖維素攝取量是 25 克，
男士則是 35 克，吃一個牛油果已經差
不多是全日所需要的纖維份量的一半。
增重時吃牛油果當然沒有問題，但想控
制體重或減肥的人士，每次適宜吃 ¼ 至
½ 個份量。

步驟

1 將牛油果中間切開，舀起牛油果核，將牛油果肉舀出來放在碗中。

Tips!

貼士

挑選牛油果時可以留意表皮是深綠色或深棕色的，而蒂是比較棕黃色或深棕色。如果輕輕按下，牛油果有點軟及彈性，那就剛剛好，不會太熟。若按下去太軟就有機會裏面已變黑或發霉了。

2 把青檸或檸檬的汁擠出來，把核隔掉，加入牛油果中。
3 番茄切粒。合桃用小刀切碎後加入牛油果中拌勻。
4 最後加上適量的海鹽及新鮮香草，用叉將所有材料混合，即成。

Tips!

貼士

牛油果醬可以塗在麥包或全麥餅乾上。

營養標籤

每食用量：	35 克
	每份
熱量	44 千卡
蛋白質	0.7 克
脂肪	4 克
飽和脂肪	0.5 克
碳水化合物	2.7 克
糖	0.3 克
纖維	1.8 克
鈉	60 毫克

G a u c a m o l e

Ingredients (10 servings)
1 (200 g) large avocado
2-3 limes / ½ lemon
½ oz (15 g) walnuts
½ (60 g) tomatoes

Seasonings
¼ tsp sea salt
fresh basil / mint leaves

STEP
1. Cut the avocado in the middle, pick up the avocado kernel, take out the avocado flesh in a bowl.

Tips
When selecting avocados, note that the skin is dark green or dark brown, while the pedicle is more brown or dark brown. If you press it lightly, the avocado is a bit soft and elastic, it is not overripe. If it is too soft, it may become black or moldy.

2. Squeeze out the juice of a lime or lemon, remove the seeds and add to the avocado.

3. Dice tomatoes. Chop walnuts with a small knife. Mix with the avocado.
4. Finally add sea salt and fresh herbs, mix all ingredinets with a fork. Serve.

Tips
Gaucamole can be applied to whole wheat bread or whole wheat crackers.

2.5

專注減壓力

大部分人都總在測驗考試前臨急抱佛腳,可能你已在數月前開始溫習,只是專注力弱,每次溫習完都只記得 1/3 內容,那麼有甚麼方法可以增強專注力之餘又減壓,好讓記憶力得以發揮,每次都考試順利呢?

大腦需要有一個持久的能量來源,食用一些全穀麥粗糧的碳水化合物,例如蕎麥麵、藜麥、五穀飯、全麥麵包、燕麥片等,可以轉化為優質能量。相反精製碳水化合物,包括白色的食物,例如白飯、麵條和餅乾、白麵包、白麵粉做出來的食物等,我們都不建議或鼓勵食用。

 ## 增強專注力從飲食着手

另外,如果飲食中缺乏一些必需脂肪酸:EPA 和 DHA、指定微量元素,例如是鋅和硒等,這很大機會是影響兒童、青少年專注力的原因。必需脂肪酸,可以在魚類或魚油中攝取,而植

物性的脂肪酸，可以在合桃、磨碎了的亞麻籽粉和奇亞籽等堅果籽類中吸收。如果吃植物性的亞麻油酸 ALA，我們的身體就會將它轉化成身體可以用的奧米加 -3 脂肪酸（omega 3）。

含微量元素鋅的食物有很多種，例如菇類、芝麻、南瓜籽、乳酪、青豆、菠菜和麵豉（麵豉湯）等。鋅質除了可以維持免疫功能，對生長、發育和修補有幫助之外，也可以增強記憶力。

另外，缺乏維他命 D 亦會影響專注力。每日吃的食物裏面，維他命 D 的含量都比較低，所以維他命 D 是不可以單靠食物來攝取。可以選擇曬太陽來令皮膚自己製造維他命 D。每一天可以在上午 10 時至下午 3 時這個黃金時間裏，曬到臉、手、腳或背，或其中某幾個部位。要留意的是不能曝曬或曬過量，15 至 20 分鐘已經足夠了。含有維他命 D 的食物包括一些比較肥的魚，例如吞拿魚、三文魚、鯖魚，還有添加了維他命 D 的食物，例如乳製品，加鈣和加了維他命 D 的豆漿。全穀麥早餐、蛋黃等也含有維他命 D。

另外，能減少食用加工食物、含有人造色素、添加劑和防腐劑的食物會更加理想。雖然未有足夠的研究指出，這些人造色素或者食物添加劑，會導致過度活躍和專注力缺乏，但是愈來愈多研究指出食物添加劑對兒童和青少年的健康有負面的影響。通常看到糖果、朱古力上有五顏六色的 chocolate coating 或者 color coating，必需留意它們食物標籤上列出的成分。食物成分在後面那一行，可能你會見到寫着黃色 5 號，紅色 40，藍色 1 號，綠色 3 號等等，這就是人造色素的名稱，它們是需要列明清楚的。購買食物時，如果見到有幾種食物添加劑的話，最好重新選擇一些比較少色素，少添加劑的，因為這些加工食物通常都是高糖分、高卡路里和很低營養價值的。

做運動可以令身體提升製造血清素的能力，幫助溫習的時候有更強的專注力。在減壓方面，益生菌、維他命、胺基酸和鎂質、鋅質，還有必需脂肪酸都可以幫助我們減低情緒的問題。含益生菌的食物可以是少量的泡菜，要選低鈉的；不含味精的味噌湯、低脂原味乳酪和天貝（黃豆餅），都含有豐富的益生菌。

能量球是可以預先製作的下午茶或運動後作補充的小食。

能量球

Sharon Chan's Energy Balls

食材

快熟燕麥 1 杯 (80 克)
南瓜籽 ½ 安士 (15 克)
松籽仁 ½ 安士 (15 克)
提子乾或無花果乾 ½ 安士 (15 克)
奇亞籽 (可不加)

調味料

黃豆醬或天然花生醬 3 湯匙
蜜糖 / 龍舌蘭蜜 2 茶匙

營養標籤	
每食用量： 2 粒	(37 克)
	每份
熱量	165 千卡
蛋白質	5.2 克
脂肪	8.3 克
飽和脂肪	1.3 克
碳水化合物	20 克
糖	4.5 克
纖維	2.6 克
鈉	48 毫克

步驟

將所有材料混合,然後用手搓成小球。
可於三日內享用,作為小食或運動後
補充營養的輕食。

Tips!

貼士

如果混合時仍然感到材料太乾或者不
黏手,可以多加一點黃豆醬或天然花
生醬。

Sharon Chan's Energy Balls

Ingredients

1 cup (80 g) dry instant oat
½ ounce (15 g) pumpkin seeds
½ ounce (15 g) pine nuts
½ ounce (15 g) raisin/ dried figs
Chia seeds (optional)

Seasonings

3 tbsps soy butter or peanut butter
2 tsps honey/ agave nectar

Step

1. In a large bowl, mix all the ingredients togothor. Roll into 10-12 energy balls. Eat within 3 days as tea and post exercise snacks.

7
|
14
歲

14
|
21
歲

21
|
28
歲

30
+
歲

Tips

If the mixture is too dry or not sticky when mixing, you may add some more soy butter or peanut butter.

2.6

愛吃香口食物

很多人吃過煎炸熱氣食物會容易長暗瘡，到底是甚麼原因呢？按傳統中國人的説法，稱之為熱氣上火，而按營養學説法，就是食物中氧化的油份中的自由基作怪。吃煎炸熱氣食物除了是高熱量、高脂肪之外，也會使我們皮膚的老化加劇。薯片是很多人喜歡的零食，但薯片含有丙烯醯胺，大家經常買到的一些薯片、或經油炸過的零食都含有這種致癌物質。

以下是部分零食中的丙烯醯胺含量：

產品	丙烯醯胺含量
品牌 A 燒烤味薯片	每 140 克含有 3000 微克
魚仔餅紫菜風味	每 40 克含有 2100 微克
品牌 B 燒烤味薯片	每 60 克含有 1300 克
牛仔片（牛肉味薯片）	每 38 克含有 900 微克
脆薯條中型	每 114 克含有 890 微克

海鹽及醋味薯片	142 克含有 840 微克
品牌 C 燒烤味薯片	每 60 克含有 570 微克
夾心餅芝士味	每 370 克含有 510 微克
中薯條	每 75 克含有 370 微克
朱古力手指	70 克含有 370 微克
紅色罐薯片	每 182 克含 360 微克

經常外出進食，接觸加工類食物的機會會較高。好像我們平時去的西餐廳、咖啡店、快餐店、茶餐廳等，亦會見到存放了很多罐頭食品和包裝食物，這些加工的食物又有另外一種影響健康的物質，叫做鄰丙二甲酸酯，它會增加我們患上哮喘、乳癌、二型糖尿病的機率，甚至影響生育。鄰丙二甲酸酯，英文叫做 Phthalates，平時我們會在一些日用品、食物、飲品中發現這個化學添加劑。這項調查是由美國加州大學柏克萊分校，即我的母校，和加州大學三藩市分校，還有喬治華盛頓大學的公共衛生專家合作的。在 2005 年至 2014 年間，搜集不同數據去分析，結果發現，如果成年人外出進食一天，他身體裏的鄰丙二甲酸酯水平會比起在家中吃飯高 35%，當中以青少年的影響最為顯著，外出用餐和在家中用餐的水平比較，高出55%。外出進食的時候，很多菜式都會選用煎或炸的烹調方式，有些餐廳使用的一些加工設備，或者製作食物時用的工具如膠手套，裝食物的器皿，如發泡膠、膠碗碟，都有機會將添加劑滲進去我們進吃的食物中，影響青少年、孕婦、兒童的健康，亦較容易干擾身體裏面的荷爾蒙，荷爾蒙失衡亦會是引起暗瘡或影響體重的因素之一。所以大家應減少食用加工食物，減少外出進食。

增高伸展運動

瑜伽導師／學生：鄧麗薇
中文翻譯：陳惠琪

20 歲後還可長高？如何達至脊椎的最佳長度？

長時間坐着，走路或站立，背着沉重的物件，背部肌肉僵硬，以及腹部肌肉弱是影響身高的一些因素，這也是老年人的重大變化，那麼我們要如何維持最佳高度呢？

我們的生活習慣對脊柱發展起著重大的作用，以下練習可以幫助你了解自身柔軟度。另外，必須時刻留意生活習慣，以保持脊椎的最佳狀態。

Chakravakasana - 貓牛式

1. 在瑜伽墊上跪下，雙手按在地上。

    · 手指張開，指尖指向前方，手置在肩膊下與肩同寬，肘部稍微向外旋轉。

    · 兩膝打開與臀部同寬，腰背平直。

2. 吸氣

    · 將臀部翹高，腰向下沉，身體成 U 形。

    · 眼望前方，打開胸膛。

    · 兩手用力，感覺好像撐起自己。

3. 呼氣（用鼻）

   · 把背部向上拱，尾骨向下向內捲，身體成 n 形。

   · 臉向下，下巴貼胸，眼望向大腿。

4. 重複 8-10 次

注釋：此練習適用於脊柱前部和後部（骨盆至頭頂）的屈曲和伸展。

Tadasana - 山式 - 第 1 部分 （圖 ❶-❷）

1. 雙腳併攏站立。

   · 腳趾張開站穩，感覺雙腳在地上印壓掌印一樣。

   · 雙手放鬆垂好，尾骨向下。

   · 放鬆肩頸，頭部與軀幹成一直線。

   · 呼吸以延伸腰部，向上拉長脊柱。

2. 感受站立

   · 吸氣時，從頭至腳向上延伸。

   · 呼氣時，肩胛骨放鬆。

3. 眼睛柔和閉上，做 8-10 次深呼吸。

Tadasana - 山式 - 第 2 部分胳膊伸展

1. 保持山式姿勢。

2. 吸氣，雙臂向上舉高過頭。

   ・ 十指緊扣，掌心向上壓向天。

   ・ 保持肩膀放鬆，感受身體從腳至手的提升、伸展。

3. 呼氣，放鬆。

4. 重複 5-8 次。

注意：對心臟病患者，請避免做將雙臂抬起高過頭部的伸展，
應向醫生諮詢其他建議。

Tadasana - 山式 - 第 3 部分側伸（圖 ③-④）

1. 保持山式第 2 部分姿勢，十指緊扣，雙臂舉起，掌心向上壓向天。

2. 吸氣，身體向上延伸。

3. 呼氣，身體向外側伸展，側腰成月亮形狀。

   · 肩膀稍微向後轉。

4. 維持姿勢 3 次呼吸。

5. 慢慢將身體擺回正中，再換側練習。

Chapter 3

21-28 歲
「自愈修身法」

3.1

大學生活致肥因素

很多人在讀大學的時候，都會離開家庭，會因為不同的因素，有了不一樣的生活和飲食習慣。好像我決定去美國留學，選擇修讀營養學，就要在那邊生活。剛到那邊，先是自己一個人住，後來試過和同學住，還有和寄宿家庭生活，只是短短一兩年間，我的體重就增加了差不多二十磅，身形暴脹，就像吹脹的汽球一樣。

 ## 致肥原因

第一位——多吃多餐

在讀書時期，我們喜歡去試食不同的餐廳，有時會在朋友家中開 party，大家一起煮東西吃，又會吃零食、甜品等，還會認為自己上學讀書很辛苦，就不停買各式各樣的食物來獎勵自

己，上課、溫習時吃，或者是開夜車時吃，總之就是不停找東西吃。

第二位——酒精熱量高

18 至 21 歲的青年，大學短短 3-4 年間，精力充沛又沒有父母的管制，就會趁周末盡情享受夜生活，去參加派對、飲酒等。酒精的熱量其實是非常高的，每一克的酒精就有 7 千卡，而每一克的脂肪或者油，就有 9 千卡，7 和 9 的分別其實相差真的很少，所以我們說酒精都是很肥，過量攝取也是致肥元兇之一。

第三位——自家製飲食

讀大學的時候，我開始在家中製作食物、甜品，尤其是紐約芝士蛋糕，每逢同學們生日，我就會做不同款式的蛋糕送給他們。除了蛋糕、鬆餅，還會研製一些熱量、糖分、脂肪都高的甜品，雖然是送人的禮物，但是製作過程中，自己試吃也會吃了不少。

第四位——太晚入睡

當我們睡眠不足的時候，身體的內分泌系統分泌出來的瘦素就會不夠，瘦素的作用是幫我們控制食慾，不容易過量攝取食物。當我們很晚才休息，或者通宵不睡的時候就會發現愈坐愈餓，總是要吃點東西，不然就睡不着，甚至沒有氣力去完成功課，或是溫習明天的考試。如果深夜進食了，那麼全天所攝取的熱量，就多了很多。還有，有研究指出，當我們睡眠不足的時候，第二天會較容易選擇不健康的食物，可能是 pizza 或是一些很甜的麵包做早餐，還會狂吃煎炸上火的食物。

我曾經在學院裏的 Cafeteria 打過工，下班的時候，賣剩的冬

甩可以讓員工拿回家的。美國的冬甩有很多不同的口味，例如朱古力、果醬味，那時由每天很開心有免費冬甩吃，到吃厭了都不用一個月時間，可能因為冬甩是炸物，而且加了很多糖。除了冬甩，還有雪糕、全脂乳酪、奶類製品，吃最多的就是珍珠奶茶裏的珍珠。

大學生涯裏，水果和蔬菜是吃不足的，當然我自己煮食時，是多菜少肉，但那個時候未完全 100% 吃素。住過寄宿家庭後，就出來和同學一起合租，每次晚餐都會每人負責煮一道菜，然後分享。那時候會經常煮有肉的水餃，會焗叉燒。去到開始真的讀營養課程時，就煮多了蔬菜類，尤其是不同顏色的蔬菜，又試做一些沙律、西式雜菜湯等。其中我最喜歡做的一款煎炸食物，就是韓式的雜菜煎餅。

上課的日子，大部分時間都是坐着。全日制課程會去不同的課室上課，每天要走動的時候大概就是換課室時，其餘時間不是溫習，就窩在家中，除非去上運動課，或者是去做健身，如果不是特別喜歡運動，大部分學生都未必會在時間表中，加入做運動一欄。正因如此，在大學生活裏，運動就會慢慢被遺忘，而這樣的生活習慣，就導致每日攝取的卡路里會高於每日消耗的卡路里，所以在外國有一個 freshmen fifteen 的講法，就是第一年進去讀大學已經重 15 磅了。

雜菜煎餅

Vegetable Pancake

我最喜歡吃葱油餅、韓國葱餅和煎餅類的食物。我住在紐約市的長島（Long Island）的時候，會和一些外國朋友輪流到各自的家中煮飯用膳，或是每人準備一個餸菜拿過來（potluck），而我經常做的就是煎餅了。

食材（6 塊份量）

紫椰菜 (小) ⅛ 個 (150 克)
翠玉瓜 ½ 條 (190 克)
紅蘿蔔 ½ 杯 (50 克)
粟米粒 ¾ 杯 (100 克)
新鮮香草 (如羅勒)
泡打粉 1 茶匙
全麥麵粉 ½ 杯
食油 2 湯匙 (如橄欖油或芝麻油)

調味料

海鹽 ¼ 茶匙
檸檬汁、青檸汁或蘋果醋

營養標籤

每食用量：
1　塊（102 克）

	每份
熱量	112 千卡
蛋白質	3.2 克
脂肪	5.1 克
飽和脂肪	0.7 克
碳水化合物	15.9 克
糖	2.1 克
纖維	2.9 克
鈉	112 毫克

步驟

/ 紅蘿蔔去皮，和紫椰菜、翠玉瓜分別切絲，放入大碗中，備用。

Tips!

貼士

想容易煮熟或者咬碎可切成幼絲，喜歡口感強些便切粗絲。

2 將粟米粒、羅勒、泡打粉、麵粉和 1 湯匙油加入蔬菜絲中，加入鹽後攪拌至濃稠。

3 以中小火先預熱鍋，加入 1 湯匙油。

4 熱鍋後，分次將蔬菜漿下鍋，每次用一湯匙可造成小塊的煎餅。

5 先煎好底部，大約 2-3 分鐘，然後輕輕用木鍋剷壓一壓，翻轉至另一面，再煎人約 2-3 分鐘或直至兩面成金黃色，上碟。

6 煎餅可沾點檸檬汁、青檸汁或蘋果醋同吃。

Tips!

貼士

盡量不要煎至深棕色或變焦。這個煎餅適合帶回公司做午餐，或晚餐時配沙律一起吃。

Vegetable Pancake

Ingredients (makes 6 pieces)
⅛ red cabbage (150 g)
½ zucchini (190 g)
½ cup carrot (50 g)
¾ cup sweetcorn kernel (100 g)
fresh herbs (basil)
1 tsp baking powder
½ cup whole wheat flour
2 tbsps cooking oil (olive oil or sesame oil)

Seasonings
¼ tsp sea salt
lemon juice/ lime juice/ apple cider vinegar

Steps:
1. Peel carrot and shred with red cabbage and zucchini respectively. Put in a large bowl and set aside.

Tips
Cut into thinner shreds if you want the vegetables to be cooked quicker and easier to bite, or thicker for a more crunchy bite.

2. Mix the corn kernels, basil, baking powder, flour, salt and 1 tbsp of oil into the vegetable mixture.
3. Preheat the pan over medium heat and add 1 tbsp of oil.
4. Add the vegetable mix into the pan over several times. One tbsp can yield a small piece of pancake.

5. Pan-fry for about 2-3 minutes, then gently press it with a wooden spatula, flip it to the other side and cook for another 2-3 minutes or until both sides turn golden brown.
6. Dip pancake with lemon juice, lime juice or apple cider vinegar.

Tips
Prevent frying the pancake until it turns charcoal or get burnt. This recipe is great as a lunchbox option or serve with salad.

3.2

必讀營養標籤

很多人家中都會有零食存倉，説是以備不時之需，但其實是嘴饞，吃飽飯看電視也要吃兩口零食。當大家都知道零食無益，但又戒不掉，會不會有些方法可讓我們懂得選擇又吃得比較健康呢？

選購包裝食物時，最重要是看包裝上的成分和營養資料。我們可以像格價般比較同類型產品，再選擇添加劑、防腐劑、色素、味精等都較少的食品。

營養標籤中的糖

通常有營養標籤的食品都是有包裝的食品，我們選一些成分的數量愈少、愈清晰，是整全食物的就愈好。若然你正在修身，選食物看成分的時候，最好首三個成分都不是糖，為甚麼呢？如果我們買餅乾或者糖果，説明是糖果，成分中一定有糖，而且會排在成分表的頭一、二、三位。而市面上零售的朱古力，

107

即使是黑朱古力，成分中的糖分都很大機會是排第一、第二位。問題來了，如果我們買朱古力時，糖分是排第一位，那代表甚麼呢？其實這代表我們買的並不是朱古力，而是有朱古力味的糖果！所以若然你真的喜歡吃朱古力，購買成分表中第一位是可可或可可製品，才是正確的選擇。同時你亦要比較不同品牌，選擇在相同的食用份量基礎下，糖分較低的。舉例，拿起一排朱古力，看它的營養資料，食用份量每 100 克來計算，即代表表格內所有資料包括卡路里、脂肪、蛋白質和糖分等，都以每 100 克朱古力來看內含多少。舉個例子，一排普通的牛奶朱古力，每 100 克計算就有 40g 的糖，我們可以知道，其實大半排朱古力都是添加的糖分，同一排朱古力裏有 38 克是脂肪，7 克是蛋白質，想 keep fit 的你，看到這樣的成分都不打算買來吃了吧？假如有低糖的選擇，以每 100 克的食物來計算，少過 5 克的糖分，就可以稱之為低糖，超過 15 克的糖分就屬於高糖分食物，不建議購買。

營養標籤中的鈉

在食物標籤的條例下，必須跟足指引標示，不能亂標，那鹹味的零食又如何呢？用一包夾心紫菜零食來做例子，這個紫菜零食，它的營養標籤寫着每 25 克的食用份量裏面的熱量有 125 千卡，屬於我們建議一個下午茶或者小食含熱量 100 至 200 千卡的熱量範圍內；而蛋白質含量有 7 克，算是比較豐富；脂肪 6.5 克，其中 0.7 克是飽和脂肪，其他是不飽和脂肪酸；它沒有反式脂肪，碳水化合物 9 克；而糖分是 2 克；鹽份是 210 毫克。這樣看，我們知道每 25 克的紫菜零食裏，它的鈉有 210 毫克，但不知道這樣是算多還是少，如果將它變回每 100 克食物計算的話，就知道每 100 克的紫菜零食，它有 840 毫克的鈉（25 克 X4 ＝ 100 克，所以 210 毫克 X4

＝ 840 毫克）。含鈉質的食物我們需要看它的標籤，如果每 100 克食物計算是高過 600 毫克的鈉，就屬於高鈉食物，都不建議大家經常食用。太高的鈉質會影響血壓，又或者增加水腫的機會，對心腦血管都不健康，零食基本上很難會是低鈉的食物，如果它標明是低鈉的話，它是要每 100 克食物計算少於 120 毫克的鈉，才可以聲稱是低鈉。

女士們不想水腫，每日吃的所有食物和飲品中的鈉總共要少過 2000 毫克，或者是 5 克的鹽（每一茶匙的鹽就是大概 5 克）。如果我們外出進食，或者吃即食麵的話，成年人每一餐建議不要攝取多於 800 毫克的鈉質。800 毫克的鈉質大概等於 1 湯匙的蠔油，或 1 湯匙的豉油，或 3 份之 1 茶匙的鹽，又或者是半個杯麵。

 ## 營養標籤中的脂肪

而在計算脂肪方面，營養標籤上會看到總脂肪的字眼。以全日攝取 1800 千卡為例，食物本身的脂肪、添加油和煮食油，每日不應該多於 40 克的脂肪。從包裝食品上的營養資料，可以看到分別有飽和脂肪和反式脂肪。反式脂肪最好是 0，因為過量攝取反式脂肪會增加心血管疾病的機會，或令膽固醇上升。至於飽和脂肪，按照指引需要，總熱量中來自飽和脂肪需攝取少於 10%，以全日卡路里攝取量 1800 千卡來說，建議攝取飽和脂肪少過 20 克。所以當見到某些零食包裝上寫十幾克的飽和脂肪（每 100 克食物），可以放低不要吃，除非你三餐都不是吃正餐，沒有飽和脂肪，所以說零食往往是致肥的最大元兇。

生機朱古力草莓

那時我還在紐約當實習營養師時，每逢放假便有很多同學聚會。通常多煮的食物是一些煎餅、粟米片沾牛油果醬等。而我會重複做的一款甜品就是健康又好吃的朱古力草莓。

黑朱古力

黑朱古力也有健康好處的。在 2015 年的食物飲食習慣問卷調查中，發現大部分有吃朱古力習慣的人士，比完全不吃朱古力的人士患冠心臟疾病或中風的風險較低。另一份 2015 年的臨床營養報告中，發現如果長者喝高濃度或中濃度含抗氧化的可可飲品，他們的認知能力會有改善。

營養標籤

每食用量：	1 粒
	每份
熱量	48 千卡
蛋白質	1.0 克
脂肪	3.3 克
飽和脂肪	1.3 克
碳水化合物	4.1 克
糖	2.2 克
纖維	1.1 克
鈉	1.2 毫克

食材（20 粒）

有機草莓 20 粒
有機朱古力 200 克
杏仁碎 / 開心果碎 / 椰絲 ½ 杯
(50 克）

步驟

1. 先將一個碗放上另一個已裝滿熱水的碗，利用熱水浴的方式把切碎了的朱古力融掉，可用匙羹攪拌。
2. 把預先洗淨及印乾的草莓沾上朱古力醬，再撒上杏仁碎、開心果碎或椰絲等作裝飾。
3. 草莓放入玻璃器皿，再密封後放進冰箱。待朱古力凝固便可享用。

Tips!

貼士

建議用 60% 至 70% 的黑朱古力。

Organic Chocolate Strawberries

Ingredients (20 pieces)

20 organic strawberries
200 g organic chocolate
½ cup (50 g) crushed almonds / pistachio /shredded coconut

Steps

1. First put a bowl on top of a larger bowl filled with hot water. Using a water bath method to melt the chopped chocolate.
2. Dip the pre-washed and dried strawberries into the hot chocolate sauce, then sprinkle with some crushed almonds, pistachios or shredded coconut.
3. Place strawberries in a sealed container and freeze until the chocolate hardens. Serve and enjoy.

7
|
14
歲

14
|
21
歲

21
|
28
歲

30
+
歲

Tips

60%to 70% dark chocolate is recommended.

3.3

漸減 20 磅
我可以！

話說我在外國留學時發福不少，家人亦説我肥腫難分。我和好朋友 Triana 去 Shopping 時，她在試身室看着我很誠實地説：「Sharon，你脹到成個肥師奶咁囉！」這句話令我有認真反省，決心開始健康飲食模式，回復原本的優美體態。

我體重最高曾達 138 磅，那時都穿一些大尺寸的衫褲、裙，現在體重就保持在 115 磅上下。那時我大概用兩年的時間從肥變瘦，大學畢業的時候已經修身成功，這令我深深體會漸減的好處。首先要明白，肥不是一朝一夕的，所以減的時候最好也要漸減，如果太短時間減太多的話，很難維持減重的磅數，而且也有機會反彈，比未減時更重。很多人認為跟減肥餐單吃會較有效，但若然你減肥的決心和執行力不大，給你餐單跟着吃，結果應該也不會太理想，所以減重其實是要調整好飲食習慣。跟住以下幾個原則，逐步將不良習慣戒除，用全新的健康

生活模式，除了令我們長遠健康，亦可逐漸減重，維持標準體重。

戒澱粉質先減到肥？

澱粉不用戒，如何吃才是最高境界——我建議大家盡量吃五穀類主糧，例如是燕麥、藜麥、多穀米、全麥麵包、全麥意粉，代替白飯、白麵包、白色的麵。原因是平時吃的白飯其實沒有纖維，而全穀類的纖維量、維他命會較多。平時飲食中吸收足夠的纖維，有助減重，更可以增加飽腹感。晚餐可用粟米、連皮番薯、馬鈴薯去代替米飯。完全不吃澱粉質，為了飽肚，可能會多吃點肉類或其他的餸菜，這些食物的脂肪含量都比澱粉質高，所以還是要靠適量的澱粉質去增加我們每一餐的飽腹感。

食早餐可減肥？

減肥記住要吃早餐，效果才會更加理想——在前一晚休息睡眠到第二天起床吃第一餐，大概相隔了 12 小時，身體是需要一個重要元素，補充整日的能量，那就是營養早餐。全日的能量在早上注滿了，我們才有精神、專注力去學習和上班，新陳代謝才不會低落。還有一點，減肥是不需要捱餓的！要注意的是餐與餐之間不建議相隔多於 4 小時。我建議隨身帶些健康小食，例如是果仁、種籽，或者新鮮的水果、豆漿等。

運動有助減重？

七分靠飲食，三分靠運動，七加三就十全十美了。單靠飲食減少熱量的確可以減重，但如果完全不做運動，長遠對健康是沒有好處的。做運動不單可改善情緒，令自我感覺良好，還可以增加肌肉，減少流失，當肌肉質量比以往好，新陳代謝也會較

快。比如説以往的肌肉只有 20 公斤，如今有 30 公斤的話，每一分鐘坐着，就算不做任何事情，燃燒的卡路里都比較多，脂肪會被轉化為能量。

 ## 全低脂飲食減得較快？

如果可以控制到食用油的份量，當然不用所有食物都選擇低脂。需要配合均衡的碳水化合物、蛋白質和脂肪的攝取來減重。如果在家烹調食物，可以控制食物中的油分。焯菜比炒菜好，將菜焯熟加一至兩茶匙橄欖油，比較健康又不會浪費食油。若然一日三餐都在外，那麼可以選一些比較低脂的食物，這樣可以減少熱量的吸收。現在市面上一般有低脂或脱脂食物的選擇，例如芝士、椰奶、甚至鷹嘴豆醬都有低脂配方。

 ## 健康脂肪不怕吃

脂肪有分健康脂肪和不好的脂肪。反式脂肪和飽和脂肪屬不好的，建議減少攝取。反式脂肪會令身體的壞膽固醇增加，增加心腦血管疾病機率，而飽和脂肪會令血脂和膽固醇升高，影響心腦血管健康。單元不飽和脂肪酸和多元不飽和脂肪酸是比較健康的脂肪，例如果仁、種籽、橄欖油、牛油果油和魚油等，是對身體有益的脂肪，我們能做到用健康脂肪來取代不健康的脂肪就最好了。

一般人在日常飲食中攝取的奧米加 -3 脂肪酸都不達標，每天的建議量是 2000 毫克包括 EPA 和 DHA。可以在果仁類、種籽類食物攝取，或者直接食用藻油丸，這對血壓調整有幫助，亦有消炎作用，減少痛症等。

蔬果你吃得夠嗎？

2015 年的香港人口普查結果顯示，94%以上成年人每天吃蔬菜水果不足。每天建議量最少吃 2 份水果，3 份蔬菜。1 份蔬菜可以是半碗熟的菜或是一碗生的沙律菜；拳頭大小的水果為之 1 份。你不需要擔心吃水果會致肥，除非你狂吃或是吃一些較高熱量、高糖分的水果，例如榴槤。

 減肥要保暖？

現在香港的冬天，人人都說不冷。當年我留學時，三藩市的天氣寒冷，早晚溫差十幾二十度，每天出門我有避寒三寶，薄外套一件，頸巾和帽子，穿好三寶基本上都可以減低着涼機會。今時今日在香港，很多人忽略保暖的重要性，天天吹冷氣其實已經是慢性受寒，在中醫的角度，着涼容易令氣血失調，影響新陳代謝，尤其女孩子的腰、膝蓋等位置受涼，都是令我們變肥變腫的因素。

跟着以上原則，過去我在減重的時候，最喜歡吃的早餐是全麥麵包和新鮮水果片，再搽天然花生醬（無添加糖和油），夾成一個三文治，或是燕麥配新鮮水果加一杯豆漿，這樣就已經很滿足了。午餐我會吃彩虹沙律，選擇不同顏色的菜配一片全麥的麵包，下單時千萬要記得要求沙律汁另上，油醋汁是比較好的選擇，用叉沾汁。

如果你很喜歡吃甜品的話，建議一個星期內只吃一次，這樣對減重的效果會特別好。我維持體重的運動是做瑜伽，練習了超過 8 年，發現如果一個星期可以做到 2-3 次，除了可以控制體重、肌肉較緊緻、線條更突出，最大的得着是身心都健康。

茄椒鷹嘴豆醬

Hommus

食材（10 份量）

鷹嘴豆 1 罐 (425 克)

橄欖油 3 湯匙

芝麻 2 湯匙 (20 克)

檸檬汁 2 湯匙

蒜頭 1 瓣

自選配料

乾曬番茄

烤紅燈籠椒

茄子（煮熟）

調味料

鹽 ¼ 茶匙

營養標籤

每食用量：
1 份 (50 克)

	每份
熱量	115 千卡
蛋白質	4 克
脂肪	6 克
飽和脂肪	0.8 克
碳水化合物	12 克
糖	2.1 克
纖維	3.4 克
鈉	60 毫克

步驟

1 鷹嘴豆洗淨後瀝乾水分，放入食物處理機內。

2 加入芝麻、搗碎的蒜頭、鹽、檸檬汁，將食物攪拌及加入橄欖油。

3 搭配全麥彼得包或用作沙律醬。

Tips!

貼士

可加入紅菜頭或用罐頭黑豆和紅腰豆代替鷹咀豆。

H u m m u s

Ingredients (10 servings)

1 can (425 g) chickpea
3 tbsps olive oil
2 tbsps sesame (20 g)
2 tbsps lemon juice
1 garlic clove

Optional Ingredients

sun dried tomatoes
roasted red bell pepper
cooked eggplant

Seasonings

¼ tsp salt

Steps

1. Wash and drain chickpea, then put them in a food processor.
2. Add in sesame, minced garlic, salt and lemon juice. Blend the ingredients slowly and add olive oil.
3. Serve with whole wheat pita bread or use as a salad dressing.

Tips

May add beetroot, or use canned black beans or kidney beans instead of chick peas.

121

3.4

專心飲食法

早在 20 世紀，有人就相信慢慢咀嚼食物，可以改善或者解決很多身體的毛病，而近年有愈來愈多的研究，探討吃得比較慢是否可以幫助我們管理體重，減少選擇不健康食物的機會。

Mindful eating 在我讀碩士的時候接觸比較多，記得有一次去參加全美國的營養師年會（Food & Nutrition Conference & Expo — FNCE），會上有一個主題就是説如何可以 mindful 地吃朱古力。我將 mindful eating 譯成專心飲食，其實還有很多其他意思的翻譯。那一次我就試了很不同的吃朱古力方法。講者叫我們拆開一粒類似復活蛋的朱古力，很小塊有錫紙包着。他叫我們首先拆開錫紙，然後聞一聞，看一看，感覺一下它的質感，又聽聽它有沒有聲音，再放在我們的嘴唇上面滾一滾，先不要吃，然後他就叫我們吃一半，只咬一半的朱古力，然後用錫紙包好另一半，叫我們慢慢等朱古力在口中溶化，那一次

的體驗我覺得我真的是在吃甜點。除了朱古力，其他的甜品都可以用這個慢食、專心的方法，用所有身體的感官去享受食物，真真正正地知道它的原味。當然還可用這個方法去吃其他東西。那一次我就記得咀嚼完頭一半的朱古力後，隔了很久，才問自己還需不需要再吃餘下包起了的那一半。比起平時吃喜歡的食物，可能滿滿就塞進口中，嚼一嚼就吞下去，根本沒有好好享受或者體驗食物的樂趣。

有研究指出，如果進食的速度太快，會阻礙腸道分泌飽感荷爾蒙，令我們在不知道飽的情況之下，過量進食。胃和腦要溝通，需要等我們吃東西飽了，大約是 20 分鐘之後，腦才會收到訊息，通知我們：「喂，要剎車了，要收油門了，不能再吃了！我的胃滿了，很飽呀！」，所以每餐最好是用最少 20 至 30 分鐘完成，就可以避免過量攝取卡路里而導致肥胖。有充分的時間咀嚼，可以幫助消化得較好，亦有助體重管理。

以下有些方法和貼士給大家參考和試做的：

用進食的首 5 分鐘，感恩食物、感恩太陽、農夫、要運送食物、要處理食物、要賣食物和洗、切、煮食物的人，當中可能是家人、朋友、廚師，還有飯店的侍應等。由食物未生長出來的時候直至吃到我們肚中，過程其實都經過好多人的手，可以用感恩的心去享受食物。夾了食物進口之後，放下雙筷或刀叉，等咀嚼完畢、吞下，才再拿起雙筷夾食物。這個方法可以減少進食的份量。還可以在吃東西的時候避免看手機、用手機打字，或者是看着電視。原來在做其他事情分心的時候，而又在進食的話，會令消化能力變差，浪費了很多食物的營養價值，吸收亦會較差。

我們吃東西的時候，應該專注在食物的味道、口感、溫度、形

狀和顏色等等，吃到一半的時候，就可以問問自己究竟現在幾成飽呢？我是不是還餓呢？建議每一餐吃七成飽，就已經足夠。

還有一個特別又好笑的做法，如果平時是用右手拿筆或者拿筷子的話，可以試試在家中進食的時候練習一下用另一隻手，用左手拿雙筷或者叉進食，這樣就可以大大減慢進食的速度。

專心飲食法在研究中是用來做體重管理和維持減重的，所以記得提醒自己每次進食都專注，控制份量自然無難度。

碩士課程之中，我們要上多個學期的烹飪實驗課。

MUIH 碩士畢業時收到學校送的一束鮮花。

彩虹飯

這個是我經常分享給學員和客戶的修身食譜。適合自備午餐或與家人一起製作的繽紛晚餐。

食材（2 瓶份量）

番茄 1 個 (130 克) / 紅燈籠椒 1 個
紅蘿蔔 1 條 (140 克) / 木瓜（細）1 個
粟米粒 ½ 杯 (70 克)
青瓜 1 杯 (80 克) / 菠菜葉 1 杯
奇異果 1 個 (100 克) / 枝豆 ½ 杯
藍莓 ½ 杯 (60 克)
紫菜絲 ¼ 杯 (1-2 克)
十穀飯 1 杯 (~ ½ 杯生米)

步驟

1 預先浸泡十穀米，用電飯煲煮熟。

2 除藍莓及粟米粒外，紅蘿蔔去皮、切絲，其他材料切粒。

3 在一個玻璃瓶內，把材料以彩虹顏色逐層放於飯上。

125

醬料

橄欖油 ¼ 杯
楓樹糖漿 ¼ 茶匙
意大利黑醋 ⅛ 杯
芥末醬 ⅛ 茶匙
鹽 ⅛ 茶匙

步驟

/ 將所有材料拌勻後，淋上彩虹飯上。

貼士

1. 如需減少脂肪量，可適量減少醬料。
2. 進食前才淋上適量醬料。外食貼士：
   可以在落單時要求醬料和沙律汁另
   上，較容易控制食用份量。

自然修身法

127

R a i n b o w R i c e

Ingredients (2 jars servings)
1 (130g) tomato / 1 red bell pepper
1 (140 g) carrot/ 1 small papaya
½ cup (70 g) sweetcorn kernels
1 cup (80 g) cucumber/ 1 cup spinach
1 (100 g) kiwi / ½ cup edamame
½ cup (60 g) blueberry
¼ cup (1-2g) shredded seaweed
1 cup cooked multi grains rice

Steps
1. Soak the multi grains rice and cook them using a rice cooker.
2. Peel and shred carrots thinly, cut other ingredients into cubes.
3. Using a glass jar, lay the ingredients by rainbow colours on top of the rice.

Dressing
¼ cup olive oil
¼ tsp maple syrup
⅛ cup balsamic vinegar
⅛ tsp mustard
⅛ tsp salt

Steps
1. Mix well all ingredients and pour over rainbow rice as desired.

Tips
Use less dressing before eating if you plan to reduce oil intake. When eating out, may request sauce or dressing on the side for better portion control.

自然修身法

128

3.5

手搖飲品送你
幾多磅？

平時我們說如果每天喝一杯奶茶，一年就送你 11 磅！近年流行手搖飲品，青少年幾乎上癮般，每天喝一杯珍珠奶茶，焦糖、榛果、芒果、百香果、水蜜桃等，都會在製作飲品時放糖漿。話明是糖漿，糖分當然是非常之高，反正你每天喝一杯的話，一個星期已經可令你增重 2.2 磅，而珍珠奶茶一杯已經相等於兩碗飯的熱量，多於一餐需要攝取的卡路里。過多的熱量會導致肥胖。

 高糖飲料影響健康

經常喝高糖的飲料，會影響血糖水平，增加發炎或者慢性炎症的風險，也會增加患心腦血管疾病的危機。對女生來說，就特別容易會長暗瘡。而茶類飲料中有咖啡因，如果平時身體分解咖啡因速度較慢，亦會影響睡眠質素。因為珍珠奶茶或者手搖飲品是一些高卡路里低營養密度的飲品，令我們飽得快而吃不

129

下正餐，而且有些飲品用的是奶精或者是淡奶，多餘的飽和脂肪和反式脂肪會增加我們的壞膽固醇。

如何飲得較健康？

你可能會說：「沒事的，我買的時候可以選甜度啊！」一般飲品店會分幾個甜度，全糖、7 分糖（少糖）、5 分糖（半糖）、3 分糖（微糖）和無糖，按店內每款飲品的配方，按比例減少加入你所選的飲品內。只是以我所知，現在很多款飲品的用料已調配好，不會再讓客人選擇甜度，所以就算是選擇無糖，沒錯，他們並沒有額外加入糖漿，但若然飲品是有配料的話，例如珍珠、芋圓、蒟蒻、仙草等，基本上這些配料一早已經泡在糖漿內，所以即使你選無糖，都會有一定的糖分在飲品中。假如有一天真的很想喝飲料，建議選擇基本上無糖的飲品，加一些有纖維素或者蛋白質的配料，例如蒟蒻、蘆薈、紅豆、仙草等等，卡路里比較低。或者可以選無糖水果茶，有纖維素和維他命，但要記得吃果茶中的水果，才吸收到營養呀！

其實除了手搖飲品，一般在街外吃飯時都會隨餐附贈餐飲，大部分人選擇凍飲而又沒有特別要求少甜時，那杯就等於是糖分爆標的全糖飲品了。杯中大約有 50 至 70 克糖分，即是等於有 8 至 10 茶匙的糖在你那杯飲品中。跟據世界衛生組織的游離糖建議指引，全日的熱量吸收最好少於 10% 是來自添加糖，較理想的是少於 5% 的熱量來自添加糖。如果一位女士全日 1500 千卡的攝取量，少於 10% 來自添加糖，即代表 37.5 克糖是她的上限。如果想更加健康，尤其是減重的話，我們要選少於 5% 的熱量來自添加糖，即每一天來自飲品、食物、醬汁的添加糖加起來不可多於 19 克（4 茶匙）的糖分。

我明白霎時要戒掉喝飲料的習慣是有點困難，以下有幾個喝飲料的貼士，大家不妨一試：

1. 比較健康的飲品配搭：新鮮水果茶走糖少冰，含豐富的維他命和纖維素；仙草綠茶走糖，是卡路里較低的飲品；鮮蘆薈檸檬汁走糖，有豐富的纖維素和有助腸道健康。

2. 選用低脂奶代替全脂奶，可以減低熱量和脂肪的攝取。

3. 減少選擇加入有味糖漿的飲品：桃、百香果、薑、冬瓜、榛果、焦糖、黑糖、朱古力等口味飲品，除非寫明是用新鮮無加糖的果汁調配，否則基本上都會加入糖漿調味

4. 容易腸胃不適的朋友，可以去冰或者少冰；選小杯的飲品，避免一次喝太大杯，可以減低熱量的吸收

5. 乳糖不耐症的人士，應避免選加入奶類的飲料，減低肚瀉機會。

抽空向市民分享均衡營養飲食的正確方法也是營養師的工作之一。

131

營養標籤	
每食用量：	1 杯
	每份
熱量	197 千卡
蛋白質	5.5 克
脂肪	9.3 克
飽和脂肪	0.9 克
碳水化合物	24 克
糖	7.2 克
纖維	7.8 克
鈉	105 毫克

奇亞籽燕麥奶綠茶

這個自家製下午茶飲料，卡路里大約 200 千卡，脂肪約 9 克，多屬於不飽和脂肪酸；有 7 克的糖分，來自燕麥奶和龍舌草蜜。

食材（1 份）

無糖燕麥奶 1 杯（240 毫升）
奇亞籽 1 湯匙
綠茶粉 1 湯匙
龍舌草蜜 ½ 湯匙

What is...?

燕麥奶

今次選用最近流行的燕麥奶，因它含有水溶性纖維，可幫助減低膽固醇。

奇亞籽亦是補充植物性奧米加-3 脂肪酸的食物來源之一。對孕婦、嬰兒的腦部、眼睛發展都有幫助，還有消炎作用，可減低慢性炎症。對運動員來說，可以幫助提高耐力、關節靈活性和肌肉的恢復。此外，奇亞籽屬高纖維食品，可增加飽足感之餘，亦幫助腸道消化及益生菌增長。

綠茶則有抗氧化功效，對美白、抗衰老、改善皮膚色素、延緩老化有幫助，它的茶胺酸可令我們輕鬆平靜，有安神作用。

步驟

1 將燕麥奶和奇亞籽放在杯中泡至奇
亞籽膨脹，約 10 分鐘，備用。

2 將綠茶粉和龍舌草蜜放碗中拌勻成
綠茶糊漿。可用掃將綠茶糊漿擦在
杯邊作裝飾。

3 將燕麥奶和綠茶糊漿倒進杯子裏。
視乎個人喜好加入新鮮水果肉。

Tips!

貼士

這個飲品除了用燕麥奶，也可選高鈣
豆奶或杏仁奶等。

Green Tea Chia Oat Milk

7
—
14
歳

14
—
21
歳

21
—
28
歳

30
+
歳

Ingredients (1 serve)
1 cup (240ml) unsweetened oat milk
1 tbsp chia seeds
1 tbsp green tea powder
½ tbsp agave nectar

Step
1. Soak chia seeds in a glass of oat milk for about 10 minutes, or until chia seeds swell up.

2. In another bowl, mix green tea powder and agave nectar until mixture becomes a paste. Brush green tea paste around the glass edge for decoration.
3. Pour oat milk and green tea paste into the glass. You may also add fresh fruit to serve.

Tips
Oat milk can be replaced by calcium fortified soy milk or almond milk.

135

3.6

減少脫髮

近幾年的飲食令我頭髮都掉少了，再加上最近試用一個洗頭的方法，發現真是會減少脫髮的。

女孩子出現脫髮的情況愈來愈年輕化，洗一次頭，頭髮一撮一撮掉在地上。我曾經也有此煩惱，在家中洗頭後，媽媽和妹妹望到浴缸的情況都會説：「嘩，你甩咁多頭髮！」。

 ## 脫髮的原因

首先來説，脫髮其實有多種混合性因素，每天大概掉 100 條頭髮是正常的。脫髮的原因可以是遺傳、貧血、甲狀腺毛病、荷爾蒙和壓力，或藥物的副作用等，亦可能你正在餵哺母乳，而懷孕期間或者是更年期間，都會有機會脫髮。除此之外，平時對於頭髮的護理不當必會導致脫髮，譬如用太多洗頭水，梳得太用力，吹頭用的風筒出風過熱，或者紮頭髮太緊，但最大又最直接影響的是飲食習慣，蛋白質和鐵質攝取不足，因過度

減重導致營養不良，甚至是吃過量的維他命補充劑，都會導致大量脫髮。

 ## 以下是幾種對頭髮健康很重要的營養素：

1. 蛋白質——是身體中每一個細胞結構組成的重要營養素，如果平時的飲食中蛋白質的攝取不足，或者我們吸收不好，營養素都未必能滋養頭髮。

2. 鐵質——如果血液中的鐵質比較低的話，會出現掉很多頭髮的情況。含豐富鐵質的食物包括豆類、亞麻籽粉、合桃、夏威夷果仁、深綠色的蔬菜、紫菜、無花果乾等。要留意的是，當吃植物性鐵質食物的時候，須同時配合吃維他命 C 豐富的食物或飲品，例如檸水、新鮮水果、西蘭花、番茄、燈籠椒等，這樣才可以吸收到更多的鐵質。

3. 微量元素——鋅，鋅這個微量元素能令頭髮結構更強壯健康，還可加快頭髮的生長速度。含豐富鋅的食物包括豆類、雞蛋、肉、海鮮、亞麻籽、魚油、核桃等。如果頭髮不健康，甚至脫髮，那麼很大機會是因為身體缺乏鋅。

4. 矽 (Si)——對我們製造健康頭髮有重要的角色，而植物性食物中含矽較動物性食物多。可以吃一些含有豐富矽的食物，如燕麥、糙米、紅蘿蔔、四季豆和提子乾等。

5. 維他命 D——2013 年在一個觀察研究中發現，有脫髮問題的女性，她們血液中的維他命 D 水平嚴重低下。維他命 D 在日常飲食中，是不能夠攝取到每日的建議攝取量的。所以在日常生活中，建議靠曬太陽令皮膚自己可製造足夠的維他命 D。每日可在上午 10 時至下午 3 時之間，讓太陽光線照射到我們的手腳、背部或者臉。愛美的女士可在

臉和頸上搽防曬，讓陽光曬到手、腳、背就好了。皮膚接收到的陽光光線，讓身體自我製造維他命 D，預防脫髮之餘，還可以令心情開朗和改善鈣的吸收，預防骨質疏鬆。

6. 維他命 A──幫助頭髮生長和維持健康的毛囊。有足夠的維他命 A，可以使我們有更濃密和較長的頭髮。深綠色的蔬菜和黃橙色的蔬菜類，譬如紅蘿蔔、南瓜、西瓜等，還有杏脯乾和一些熱帶的水果，都含豐富的維他命 A。

7. 維他命 B_7──又稱生物素，身體需要維他命 B_7 來代謝蛋白質、脂肪和碳水化合物。如果我們身體內 B_7 不足的話，代謝營養便會出現問題導致營養不良，長遠來説，會令頭髮的毛囊不健康，有脫髮的問題出現。雖然到現時為止沒有足夠的研究證據支持吃 B_7 的補充品可以預防脫髮，但都不應該忽略它的重要性。飲食方面，可以選擇吃一些豆類、蛋黃、黃豆粉、酵母和全穀麥類，例如燕麥、糙米、五穀、蕎麥等，這些食物都蘊含生物素 B_7。

用天然的清潔劑洗頭

我要介紹的天然清潔劑就是茶籽粉，它富含天然茶鹼素，有殺菌、消毒、止癢的功效，自古以來南方人除了用來洗頭之外，還用來洗蔬菜水果、洗碗碟、洗澡、洗衣服等。

方法步驟：

1. 將茶籽粉倒在盆內，加暖水攪勻成液態；

2. 均勻地倒在濕髮上，並按摩頭皮和頭髮；

3. 過水洗淨。

用茶籽粉洗髮一段時間後，洗髮過程中只會掉幾條頭髮，但若然用普通洗髮水，就起碼會有 20-30 幾條頭髮掉落，真是很誇張的分別呀！茶籽粉的好處就是不傷皮膚，也沒有化學殘留，是非常安全的清潔劑。追求天然的朋友真的很值得一試。

茶仔粉（Camellia seed powder）天然洗髮劑，有助改善脫髮問題。

紫薯蓉沙律球

Mashed Purple Sweet Potato Salad

紫薯蓉球既可馬上暖笠笠地吃，又可冷凍後帶回公司做早午餐，甚至做下午茶也非常適合。

食材（10 小球份量）

中型紫薯 3 個 (300 克)
粟米粒 ¼ 碗 (40 克)
沙田柚子肉 90 克
雪梨 ½ 個 (100 克)

What is...?

紫薯

紫薯是胡蘿蔔素的來源，轉化成維他命 A 後有助皮膚腺體產生皮脂、滋潤頭皮，保持頭髮健康及增加頭髮生長速度。顏色鮮豔的紫薯抗氧化成分高，也是高纖維豐富的根莖類，可代替米飯及其他精製澱粉質，例如麵包、白麵粉製造的餅乾。每個雞蛋大小的番薯能代替 1 湯匙白飯，非常適合正在體重管理的你。

營養標籤

每食用量：
2 球 (105 克)

	每份
熱量	75 千卡
蛋白質	1.4 克
脂肪	0.2 克
飽和脂肪	0 克
碳水化合物	17.8 克
糖	5.5 克
纖維	2.9 克
鈉	33 毫克

步驟

1 先把紫薯用刷洗掉泥沙，連皮切粒蒸
   熟，約蒸 15 至 20 分鐘。

2 在玻璃器皿中，用薯蓉壓或叉將紫薯壓
   成蓉，不用去皮。

3 加入粟米粒（可用新鮮粟米粒或罐頭粟
   米粒），再加入沙田柚肉（可將衣去掉）。

4 將雪梨切成粒狀，用鹽水泡一泡，瀝乾
   水分，再加入紫薯蓉中混合。

5 若有雪糕匙，將材料刮成球形，亦可用
   雙手將紫薯搓成小球。

Tips!

貼士

每個紫薯蓉球大約是乒乓球的大小。

Mashed Purple Sweet Potato Salad

Ingredients (10 balls)
3 (300 g) medium purple sweet potatoes

¼ bowl (40 g) sweetcorns kernel

90 g pomelo pulps

½ (100 g) Asian snow pear

Steps
1. Wash and rub the purple sweet potatoes using a brush, cut into cubes and steam for about 15 to 20 minutes
2. In a glassware, mash the sweet potato with skin by a masher or a fork.
3. Add corns (sweet corns can be fresh corns or canned corns) and pomelo pulps (membrane maybe removed).
4. Cut snow pear into cubes, soak in salt water and drain. Add to the mixture
5. Use an ice-cream scoop or your hands to shape mixture to ball size.

Tips
Each purple potato ball is about the size of a table tennis ball.

143

紓緩經前症候群 PMS

讀大學的時候，在還未開始 100% 吃素時，我試過在上食物科學煮食課（Food Science Lab）時，嚴重經痛，坐立不安，面青唇白，最後要同學攙扶回家休息。PMS 經前症候群其實包括很多不同的症狀，生理方面例如經痛、頭痛、乳房脹痛、疲倦、水腫、便秘和肚瀉、失眠等。在情緒方面可能會有焦慮、抑鬱、情緒飄忽、時笑時哭、脾氣暴躁、精神難集中等。還有些人身體上會出現某些現象，例如，食慾有改變，體重增加，生暗瘡或者肌肉痛，關節痛等等。

月經來之前 7-14 日開始，食慾會容易有變化，通常食慾會大增，或特別想吃某些食物，通常是碳水化合物較高的食物，尤其是含糖的食物，甚至是酒精。碳水化合物食物中有胺基酸，在體內可以轉化為血清素，血清素水平增高，可幫助改善心情。但要注意的是，我們要區分複合性碳水化合物和精製澱粉質，如果只吃一些白色的碳水化合物，如白飯、白麵包、粉麵

等，屬低纖維和高升糖指數的食物，這樣胰島素會升得很急，不單有機會出現水腫情況，也會增加在尿液中排走鎂質的機會。微量元素鎂有助紓緩肌肉繃緊和痛楚，鎂質過量流失或排走，就不能夠幫助我們紓緩痛楚了。

經前症候群成因

經前症候群的成因有很多，一些人飲食習慣差，嗜糖、酒精、咖啡因，加上壓力大，或是缺乏微量元素等都是令經前症候群嚴重的因素。過量攝取酒精或咖啡因，都與經痛有關，而在治療 PMS 方面，沒有證實做運動是經前症候群的治療方法；但有很多研究已經指出，對整體的健康來說，做運動可以增加胺多酚，改善情緒，亦可減少犯睏、疲倦的情況。

減輕 PMS 的營養素

1. 鈣質和維他命 D，兩樣都是保持骨質健康所需攝取的主要營養素，而它們又和雌激素有關連。雌激素可以增加鈣質的吸收，尤其是腸胃的吸收，亦可維持鈣質在骨骼中的水平。有研究指，如果在食物中攝取豐富的鈣質，可以減少三成經前症候群的機會。維他命 D 幫助我們吸收鈣質，所以有足夠的維他命 D，可以減少 31% 機會出現經前症候群 PMS。

2. 鐵質：有一個為期十年的研究，找來一班本身沒有 PMS 問題的女生，她們日常飲食是以植物性食物為主，即沒有吃動物的習慣，亦沒有食用鐵質補充品。研究指出，她們有經前症候群的機會較低，亦指出血紅素鐵（即動物來源的鐵質），未能幫助減少出現經前症候群。所以就此研究，我認為素食者或有減低 PMS 發生的機會。

3. 微量元素：鎂質。鎂質的補充劑一向可改善情緒、水腫、胸脹和失眠，有證據顯示足夠的鎂質可以幫助減輕經前症候群的水腫情況，而在一個研究中，給一群女士服用 200 毫克的氧化鎂補充劑，只是測試了兩個月，結果發現她們減少了體重上升、腫脹、胸脹的狀況。日常食物中，不同顏色的蔬菜、特別是深綠色的蔬菜，堅果種籽類、黑朱古力等都含有豐富的鎂質。

* 由於維他命 D 和鐵質都未必在一般的飲食中可以攝取足夠，關於補充劑的使用份量和是否適合個人需要，請先諮詢營養師才選購。

如你有 PMS 的困擾，在未來每次月經來之前的 14 天，可以減少攝取咖啡因、糖、添加糖，高鈉食物（包括罐頭的肉類，醃製食品或者精製的包裝食物）、酒精。酒精會令經前症候群的症狀加劇，也會令身體流失更多已儲存的維他命 B。

可減輕 pms 的食物：

鈣質豐富的食物	深綠色蔬菜、堅果類、全穀麥類、豆類
維他命 D 豐富的食物	蘑菇類、雞蛋、添加了營養素的穀麥早餐或飲料
鎂質豐富的食物	深綠色的葉菜類、蔬菜、堅果類、種子類、豆類、全穀麥類、牛油果
維他命 B 雜	杏仁、全穀麥、菇類、大豆、深綠色蔬菜、果仁、添加了營養素的全穀麥早餐、牛油果、連皮焗薯、香蕉、花生等等

首次在香港主持 Clothing Swap 新淨二手衫交換和咖啡磨砂膏工作坊，既好玩又環保。

咖啡磨砂膏

Coffee Body Scrub

自製磨砂用品，簡單容易，而且用得其所。咖啡粉具磨砂功效，橄欖油或牛油果油含維他命 E，對皮膚有益。
（僅供身體使用）

材料
咖啡渣
橄欖油 / 牛油果油
香薰油

方法：

1 在玻璃瓶內放入咖啡渣至八成滿 ，加入橄欖油 / 牛油果油至蓋過咖啡渣（約九成滿）

2 加入自己喜愛的香薰油 1 至 2 滴，拌勻便成。

3 放在浴室儲存，需要時使用：局部磨砂約 2 茶匙，全身磨砂則 1 至 2 湯匙。

Coffee Body Scrub

(For body use only)

Ingredients

coffee grounds (leftovers)

olive oil/ avocado oil

essential oil

Steps:

1. Fill your glass jar with coffee grounds to 80% full, then add in olive oil/ avocado oil until it covers the coffee grounds (till the 90% full)

2. Finally put 1-2 drops of essential oil of your choice, stir well.

3. Store it in the bathroom, use 2 tsp for partial body scrub, or 1-2 tbsps for full body scrub.

3.8

食宵夜

我在美國加州柏克萊大學（UC Berkeley）的時候，
有一位營養學科的同學，住在學校宿舍，臨近測驗考
試或有作業要交的時候，晚上溫習功課後，會到學校
的飯堂吃宵夜。有一天上課的時候，得知這位同學
缺席，而在那段日子，他已經不止一次缺席，我關心
他的情況時，得悉他缺席是因為胃痛到要進醫院急症
室，而經檢查後，發現他有胃潰瘍的情況。

長期食宵夜的習慣的確令人容易患上胃病，以上就是真人真事
的案例。我想帶出的訊息是，在未有胃病前，食宵夜首先是致
肥的因素。假設你在睡前一至兩小時前還在吃東西，或者吃飽
就睡，身體沒有活動就無法消耗那些多餘的熱量，還會將其儲
存成脂肪，這就是肥胖的原因。

2016 年有研究指出，如果我們的晚飯和第二天的早餐，中間
沒有相隔多於 13 個小時的話，會增加 36% 的乳癌復發機會

（資料來源：JAMA Onconlogy）。如果我們已經晚睡，睡覺質量又差，就會影響身體控制和運用糖分，不但致肥，亦會增加患其他疾病的可能性，例如糖尿病、心臟病，甚至某些癌症。

壓力、休息和選擇食物是有關聯的，假如讀書或工作的壓力，影響你的睡眠，而睡眠質素會影響你選擇食物時的情緒，那麼，你可能會因為感到有壓力，想吃一些明知無益的食物，或者會因為想平衡心理而在工作時吃零食，這樣的飲食習慣便會令我們選擇一些營養密度低但卡路里特別高的食物，因而睡眠質素差亦影響我們的抉擇。

 ## 南瓜籽含有豐富蛋白質

以下的食譜中所用到的南瓜籽，是我很喜歡的一種籽類小食。

南瓜籽有豐富的胺基酸，它是製造負責增長肌肉的鑰匙，英文叫做 Muscle Protein Synthesis。一安士南瓜籽大概是 85 粒，卡路里大概只有 126 千卡，大部分的脂肪是不飽和脂肪酸，是健康的細胞保護膜，而它的蛋白質有 5 克，纖維素有 2 克。一隻雞蛋大約有 7 克蛋白質，而 1 安士南瓜籽已經含有 5 克蛋白質。

很多女士會因為減肥而減少食量，但吃得少仍然肥的大有人在，主要原因是平時的飲食中攝取不夠蛋白質，這也是導致肥胖、水腫的原因。

無論是減肥或想鍛煉身體的朋友，若然想燃燒更多脂肪，應該攝取足夠的蛋白質，南瓜籽絕對是一個健康零食的好選擇。做運動和配合蛋白質的飲食，可增加我們的肌肉質量，當肌肉比以前多，那新陳代謝自然加快，就會在不做運動的時候，都可燃燒更多的熱量，更多的脂肪。

預防食宵夜和較好的宵夜選擇

要早睡，馬上睡覺，盡量可以在 11 時至 1 時之內睡，新陳代謝會好些，不會打亂生理時鐘。

如必須吃宵夜，可以吃水果，或者一些烘乾、脫水的蔬菜片來代替一些高熱量的零食；喝水，喝低糖高鈣豆漿；吃 0% 脂肪原味乳酪配水果，代替雪糕。

預防失眠的話，要避免很晚的時候看手機，藍光會令我們更加睡不着，愈晚睡就會增加肥胖的機會。可在睡覺前一小時把你的電子設備切換到飛行模式。

153

南瓜沙律

雖然南瓜的升糖指數 (glycemic index) 是 75，屬於高，然而，南瓜的升糖負荷 (glycemic load) 是 3，屬於低。升糖指數表示碳水化合物消化後變成血糖的速度，升糖負荷表示每食用份量內食物含有多少碳水化合物。升糖負荷低於 10，代表該食物對血糖的影響較少。升糖負荷高於 20 的食物往往會導致血糖 飆升。

食材（3 人份量）

中型南瓜 ¼ 個 (300 克)
沙律菜 2 杯 (120 克)
紫洋葱 ½ 個 (150 克)
無花果乾 6 粒 (50 克)
檸檬 1 個 (100 克)
鷹嘴豆 1 杯 (150 克)
南瓜籽 28 克
小紅莓乾或提子乾 1 湯匙 (15 克)
橄欖油 1 湯匙

營養標籤

每食用量：	1 份
	每份
熱量	285 千卡
蛋白質	10.6 克
脂肪	10.3 克
飽和脂肪	1.6 克
碳水化合物	45 克
糖	17 克
纖維	9.5 克
鈉	17 毫克

步驟

1 南瓜蒸熟及切條，鷹嘴豆隔去水分。

2 紫洋葱切絲、無花果切粒。

3 檸檬榨汁，連同橄欖油淋上沙律菜。

4 加入鷹嘴豆、南瓜、洋葱、無花果、南瓜籽、小紅莓乾拌勻。

Pumpkin Salad

7
14
歲

14
21
歲

21
28
歲

30
+
歲

Ingredients (2 -3 Servings)

¼ (300 g) medium pumpkin
2 cups (120 g) salad green
½ (150 g) red onion
6 (50 g) dried figs
1 (100 g) lemon
1 cup (150g) chickpea
28 g pumpkin seeds
1 tbsp (15 g) dried cranberries or raisims
1 tbsp olive oil

Steps

1. Steam pumpkin and cut into strips. Drain chickpea.
2. Shred red onion and dice dried figs into small pieces.
3. Squeeze lemon juice and pour olive oil to salad green
4. Mix in chickpea, pumpkin, onion, dried figs, pumpkin seeds and dried cranberries.

助消化纖腰運動

瑜伽導師／學生：鄧麗薇
中文翻譯：陳惠琪

🌿 **功效：改善排毒系統，縮小腰圍**

健康的消化系統對我們的整體健康至關重要，簡單的運動，可以幫助我們排走身體不需要的垃圾（宿便等毒素）。

節日盛宴、自助餐，與朋友大吃一餐，讓你感覺腹脹、胃部不適？沒問題！ 坐「金剛坐姿」以幫助餐後消化。

Vajrasana - Thunderbolt 金剛坐姿（圖 ❶-❷）

1. 跪在墊子上。

   · 坐在腳踭上。

   · 腳背朝下。

   （如果腳踝或臀部肌肉繃緊，在兩腿之間放置 1 到 2 個枕頭。）

   這有助於減少腿部的血液循環，並將所有血液流入消化系統。 如果坐姿不舒服，可嘗試盤腿而坐。

2. 想像頭頂有一根線向上提，腰背輕鬆挺直。

3. 保持坐姿 5-10 分鐘。

159

排毒

Ardha Matsyendrasana 半魚王式（圖 ❸-❹）

1. 坐在墊上。

2. 屈曲右膝，大腿牢固地貼在地上。

3. 屈曲左膝，左腳踩在右大腿外側。

4. 吸氣，收腹坐高，上身向上拉長。

5. 呼氣同時向左扭腰，右手肘貼住左大腿。

6. 右肩帶動左肩轉向左，向後。

   ・ 將左手放在地上或瑜伽磚上（以支撐脊柱）。

7. 維持姿勢，停留 3-4 次呼吸。

   ・ 吸氣時拉長上身，呼氣時可再向後扭腰，加強伸展

8. 另一邊重複以上動作。

161

Chapter 4

30+ 歲
「由內而外美出來」

4.1

心態決定境界

在我修讀碩士課程的時候，認識到一班非常好的老師和同學。在學校，老師除了教授學科上的知識，還分享一些日常生活中必須實踐的練習，讓我們自我調節和改變心態，只要心態有所轉變，便可以對任何人和事物更寬容，從內心感到喜樂，愛笑，最重要的是提升內在美，從而令外在也顯得美麗。

以下是我現在還會每天做的 10 個練習：

1. 好好運用感知和觸覺
(Open our five senses)

要善用我們的眼睛、耳朵、鼻子、舌頭、身體的感覺。當吃東西的時候，會先看到食物，看到了便開始流口水，這是眼睛發訊息給腦部，腦會向胃部傳遞訊息：「要分泌消化酵素了！」流口水的同時，會聞到食物的香味，刺激消化系統開始工作。吃到食物的時候，會嚐到食物的口感，軟或硬，熱或凍；味蕾可感受不同的味道。咀嚼食物時會有聲音，耳朵也會聽到，或是聽到其他人分享這食物好不

好吃。觸覺是夾起食物、舀食物，或用手吃食物時的感覺——是太熟還是太生？

嗅覺和味覺都可以幫助我們分辨食物的新鮮程度和有否變壞。例如經常在酒樓和餐廳吃的豆腐，有時會因為煮前沒有做好保鮮，到我們吃進嘴巴時發現它變酸變壞，都是感官讓我們知道。

2. 和任何人的互動，都是給自己表示友善的機會 (Every interaction is an opportunity for kindness.)

有些人或者是我們不想見到的，但在無可避免的情況下與他見面和接觸時，可以用比較正面、善良的心態去聆聽和對答。試試用這個方法面對上司、敵人，或不是很友好的朋友等，或者會有不一樣的體驗。

3. 我們的生命、日常生活其實是一種動態 (Movement)

即是運動，或具流動性的，意思即是時間點滴流逝。每日如果做一些比之前更進步、對自己更好、對地球有改進的事情，就可以說配得上這個大自然的運動，讓大自然和我們的生活都變得更好。

例如面對全球升溫，在日常生活中可以做到的，是多乘坐公共交通工具，多步行；在購物時，多選購買本地商品，減少碳排放。進口的食物或商品需要多程的交通運輸，所以碳排放較高。要減少碳足跡還可以自己種植香草、番茄、薑、蔥、洋蔥等，我家就長期有新鮮羅勒葉食用的。

4. 我們是初學者 (I am a beginner.)

承認自己在某些事情或某些技能上是個初學者。例如可以說，我對健康飲食是初學者、我對體重管理是初學者、這項運動我是初學者等，這樣可以減少生活上的壓力。另外，對自己不要有太大期望，失望便相對較少。例如我會說我寫書是初

學者，按部就班去做，訂立的目標可能很小，但大事會因小事的慢慢積聚而成功。

5. 有危就有機
(In crisis ask what is the opportunity.)

在遇到危機、危險的情況下，要問自己到底有甚麼消解的機會呢？有危才有機，就算是大難臨頭的時候，都要向正面的方向想，是不是有很多可能的出路呢？例如有一份工作，你做得很好，工資也不錯，但其實一直都無心亦無熱情，那麼你的危機可能是離職或是公司有人事調動。但如果你往正面方向思考：「雖然我放棄這份工作，而新工作工資較少，但是我可能熱愛新工作，會珍惜每一刻。」那麼這會是個讓自己活得更精彩的機會。

6. 有效率地作出行動
(Take effective action - request,
decline, counteroffer.)

我們可以提出要求，讓某些事情發生，或是要求別人給予資料、幫助，或具體給你一樣東西。拒絕一些自己能力所不及的，或者不符合個人價值觀的事情，也可以主動提出其他方法，例如別人給你開出 A 的條件，但是你可以用 B 的條件去談，看看能不能爭取到更好的方案。

7. 人生無常 (Be in the unknowing.)

我們經常說人生無常，就是說每天不會是一模一樣的日子，一定會有些意料之外的事情。我們計劃將來的生活或旅行的行程，其實都要抱着「這件事或會改變」的想法，要認同「這件事不清晰，不是百分百知道事情的發展會怎樣」，接受事情及人生皆無常。

8. 決定今天的心情
(What mood did you create
this morning?)

我們要決定今天心情是很愉快的、是感恩的、是偉大的，一早給自己定下目標，就可整天都維持正面的心情。到晚上休息時，回想整天是不是都以這個大方向度過；對自己的評價很理想，還是今天發了很多次脾氣，回想起來會後悔自己不應該這樣對人說話呢？

9. 小毛病是我們的老師
(Symptoms are my teacher. What can I learn from them?)

我們都會有小毛病，例如頭痛、打噴嚏、皮膚痕癢、眼腫、水腫等，大家未必每次都去看醫生，有時都會忍着頭痛、胃痛繼續生活，上班上學。其實這些小毛病是我們的老師，它們是盞很清晰明確的警示燈，告訴我們身體哪個地方需要特別關注。我們就要按着這些警示燈照顧好自己，對身體健康負責任，小毛病就不會經常來了。

10. 我有一個美好的人生
(Life becomes wonderful when I declare it wonderful)

想要美好的人生，要先對自己聲明：「我擁有美好的人生」。或者不要用長遠、很大、很高的角度去看美好人生，直接先說今天。今天我將要去做的事，先去想像完成該事的畫面，這樣做其實是在潛意識中打了一支強心針，做事會更開心、更放鬆、更容易。舉個例子，聽一個笑話，第一次會覺得很好笑，但第二、三次或幾次後，仍會覺得很好笑嗎？其實聽第三次的時候已經麻木了，未必會像第一次聽到時那麼好笑了。相反地，如果我們遇到一件很難過的事件，第一個反應會不開心，心裏不舒服，想哭，但不需要為了同一件事哭太多次，或在負面情緒中兜圈。可以看着情緒，感覺情緒的存在，給自己一點空間，不舒適的感覺會慢慢消除。相信我！

希望這些練習大家每天都可用到，心態有所改變，美麗便由心出發。

167

營養標籤

每食用量：	1 碗
	每份
熱量	247 千卡
蛋白質	3.7 克
脂肪	1.5 克
飽和脂肪	2 克
碳水化合物	28 克
糖	15.5 克
纖維	5.1 克
鈉	300 毫克

養顏美容沙律

這款沙律含牛油果、西瓜粒及藜麥等多種有益食材，
最後淋上醬汁，可養顏美容。

食材（2 人份量）
熟藜麥 ½ 杯 (60 克)
沙律菜 2 杯 (120 克)
西瓜 1 杯 (150 克)
牛油果 ½ 個 (85 克)

醬汁
橄欖油 1 湯匙
青檸汁 1 湯匙
黑醋 / 蘋果醋 1 湯匙
楓糖漿 1 湯匙
海鹽 ¼ 茶匙

169

步驟

1 將藜麥煮熟，瀝乾水分備用。
2 橄欖油、青檸汁、醋、楓糖漿、海鹽混合成醬汁。
3 牛油果及西瓜切粒，加入沙律菜中。食材拌勻後，淋上醬汁。

What is...?

西瓜

西瓜是紅色水果、含茄紅素、維他命 A 和花青素等營養素，有抗衰老作用。藜麥含豐富鐵質及維他命 B_2（核黃素），如貧血面色蒼白，補充鐵質有助臉色紅潤，而維他命 B_2 則促進皮膚新陳代謝。一杯藜麥有 8 克蛋白質，和一隻雞蛋的蛋白質差不多。橄欖油含豐富單元不飽和脂肪、維他命 A 及 E，可滋潤及修補受損的皮膚。

W a r m　S a l a d

Ingredients (2 servings)

½ cup (60 g) cooked quinoa

2 cups (120g) salad green

1 cup (150 g) watermelon

½ (85 g) avocado

Dressing

1 tbsp olive oil

1 tbsp lime juice

1 tbsp balsamic vinegar/apple cider vinegar

1 tbsp maple syrup

¼ tsp sea salt

Steps

1. Cook quinoa according to instructions on the package.
2. Combine olive oil, lime juice, vinegar, maple syrup and sea salt as a dressing.
3. Dice avocado and watermelon into cubes, add into the salad greens. Mix well the ingredients and pour in the dressing.

4.2

倒轉三角形

女孩子踏入 29 ＋ 1，生理或心理上都會有很多顧慮。隨着年齡增長，新陳代謝會愈來愈慢，如果飲食習慣沒有改變，晚上出外吃飯或吃得比早餐更豐富，熱量亦高的話，持續下去脂肪會慢慢累積，體重亦會上升。倒轉三角形理論是教育需要減重的人士，最近一些研究報告也提出，如果早餐的熱量比晚餐的熱量多，簡單説，即早餐營養及卡路里都最豐富，而晚餐清淡的話，減肥成功率會更加高。

2013 年 *Obesity Journal* 就提到一個 12 個星期的研究實驗，該實驗邀請了 70 多個參加者，隨機分派他們到兩組，每組分別都是一日吃三餐，卡路里相同，都是 1400 千卡。不同之處就是，A 組的早餐豐富，早餐的卡路里比例高過午餐和晚餐，份量和營養都比其他兩餐多，午餐是中量，晚餐是最少的份量；而 B 組是相反的，像香港的都市人一樣，早餐份量少，卡路

里少，午餐比早餐多，而晚餐是三餐中卡路里最豐富，份量也是最多的。

12 個星期後，A 和 B 組的體重都有減輕，但整體來看，A 組體重平均下降 10 公斤，而 B 組體重平均約下降 4 公斤。在 12 個星期後，腰圍方面，早餐最豐富的 A 組在平均 110 厘米減到 100 厘米；B 組平均 110 厘米減到 108 厘米左右，變化比較少。憑這個實驗可以證實，進食的時間性是關鍵，如果晚餐比較清淡，而早餐是整日最豐富的話，減肥效果會較佳。

為甚麼我們甚麼都不改，只是改變進食的時間都會有這麼大影響呢？因為早些吃最豐富的東西，在晚上休息的時候，可以幫助改善休息時消耗的能量，也會改變在吃東西時要消耗的能量。也就是説，我們愈晚吃最豐富卡路里的那餐的話，那就會有多餘的能量，在晚上變成脂肪了。

愈晚吃東西愈容易肥，這句話的重點是我們不單止要注重吃些甚麼食物，還要注意甚麼時候吃東西。我們要好好控制食物的份量，在比較晚的時間，就更要控制食物的份量，這樣就能更有效控制體重。

羅漢果花茶
Monk Fruit Flower Tea

你有沒有經常飲盒裝飲品呢？盒裝菊花茶的主要成分是水、白糖、菊花茶抽取物、調味劑和抗氧化劑，第二個成分已經是糖了。經常飲盒裝含糖飲品（如菊花茶，相當於 4 茶匙的糖），當然容易肥。所以我教大家自製羅漢果菊花茶。

食材（1 杯份量）

羅漢果 ½ 個
乾菊花 5-10 朵

步驟：

1 將打碎了的羅漢果及菊花放進焗杯。

2 視乎個人口味調節濃度，倒入 250 - 500 毫升熱水，加蓋焗 20 分鐘，即可飲用。

What is...?

羅漢果

近年非常流行提取羅漢果中的糖來作甜味劑或代糖。羅漢果本身含很少卡路里（15 卡路里），其中小量的果糖及羅漢果糖稱為羅漢果苷 V（mogroside V），其實不被腸道吸收，所以會排出體外，不會轉化變成熱量。喝了也不會令血糖急升，非常適合想減重或控制糖分攝取量的人士。

羅漢果可以清熱潤肺，有清暑解渴和潤腸通便的效用，不過羅漢果是涼性的，在女性經期期間或容易頭暈的人，要避免飲用。配搭的菊花可以明目清肝，這兩種材料可在胃熱、熱氣或喉嚨不舒服時飲用。

Monk Fruit Flower Tea

Ingredients (1 cup)
½ monk fruit
5-10 dry chrysanthemum buds

Steps
1. Add crushed monk fruit and dry chrysanthemum in a cup.
2. Pour in around 250 - 500 ml hot water according to your preference. Cover with lid and wait for 20 minutes. Serve hot.

多感恩靜心

最近和一班新相識的朋友，大概十數人圍在一起，對我們統籌的活動做匯報和提出建議。我對其中一位女生印象特別深刻，因為她總是以感恩、讚揚別人的方式分享意見，而不是像一般人說「我覺得我們這樣那樣」、「我開心還是不開心」等。

日常生活中，我們常常欠缺感恩的心，會用自我的模式去看事情和自己的際遇。有個形容詞叫做「take it for granted」，中文意思是所有事情發生在身上都是理所當然的，例如我可以去外國讀書、父母要供我到海外留學，支付昂貴的學費、畢業回來有公司聘請我、有屋有車等等都理所當然的。可是只要細想一下，便會明白這些事情未必是所有同年紀的朋友都會遇上。世界各地有數以千計的人無家可歸，有人從小到大都沒有父母疼愛，有人沒有讀書的機會，所以我們有書可閱讀，能學到知識，在生活中擁有種種東西等都值得感恩，總之，我們活在世上便是一份禮物。

即使遇上失戀、分手、離婚或者受長期病患困擾，我們都要調整情緒。人生不如意事十常八九，用甚麼心態去令自己每天都喜悅地生活呢？這是我每天都練習的人生課題，邀請你一起做以下練習：

第一，練習多感恩，對人和事物都有感恩的心。感恩父母的養育之恩；感恩兄弟姊妹的陪伴愛惜，以及朋友、同事、長輩的支持和鼓勵；感恩看到彩色的世界，聽到動聽的聲音、海浪聲，嚐到食物的味道，聞到花的香味；感恩有能力用言語溝通，抒發自己的情緒；感恩免疫系統幫我們預防細菌病毒感染，令我們有健康身體應付每天生活；感恩每天有 24 小時做我們希望做、喜歡做的事；感恩有工作，可以給我們安穩生活。人生是充滿意義的，我們常說「很忙」，其實是比較負面，如果可以練習說「很充實」，便變得比較積極正面。

感恩你最好的朋友，不論你喜悅或悲傷都在身邊支持、協助、扶持；亦要感恩假想敵，因為他們令我們知道哪方面還未做得好，讓我們有進步的空間；感恩對我們說早安的路人，或是對你微笑的陌生人；感恩生活上遇到的種種挑戰，有學習機會，令我們變得更加成熟。

第二樣想分享的練習是，靜心、靜坐、禪修。很多研究證明禪修可以幫助我們減輕壓力和轉化負面情緒。都市人每日都在急速的、需求大於可提供的環境下生活，工作壓力、學習壓力、生活壓力、疾病壓力等，都令我們容易有負面情緒。我們需要做一些事情去令自己的內在環境變得更正面和理想。英國將禪修列為中學、小學的課程，推廣靜坐，對小朋友、青少年的心靈發展有很大幫助。每天要應付困難時，如果思想正面，心情很容易得到調整，會變得開心。

愈來愈多研究證明禪修的好處，尤其是幫助青年人自我了解，既可以處理情緒，亦可增加專注力。也有研究證明禪修可以培養洞察力，在日常生活中幫助我們認識自己、提升 EQ。

一個很簡單的 5 分鐘靜心方法就是數呼吸。這是一種心的練習，叫做 heart exercise，在一個安靜的環境舒服地坐下，坐姿怎樣都可以，雙腳放地上、盤腿都可以，只要腰部挺直，下巴微微向頸部收便可以了。用 1 至 5 分鐘時間，合上雙眼，雙手掌心向上，放在膝蓋或大腿之上。用鼻吸口呼的方法：鼻吸的時候心裏數 5 至 8 秒，呼氣時也是數 5 至 8 秒。用口呼氣時好像吹蠟燭，細小而長地把氣呼出去。也可將雙手放在肚臍附近位置，當吸氣時便會感覺肚子像氣球一樣脹了，而呼氣時就好像氣球放了氣一樣扁的。

這個簡單的呼吸練習，如果配合安靜的心靈一起做，便能增加專注力和智慧。當遇到困難時，可以專注在呼吸上，不要專注在一些不開心的事情。當呼吸是寧靜、放鬆的話，我們就可以將情緒抽離，容易處理心情。

禪修可以幫助我們處理情緒，認識自己，再通過認識自己去培養智慧，改善溝通。希望一起多些練習，成為更開心的人，這是我每天的目標。

秋惠（前排右二）與同學們於東蓮覺苑舉辦的領袖才能與溝通技巧培訓課程（LCS O camp）體驗靜心，當日的場地竟然是她的母校寶覺小學。

墨西哥夾餅配全素芝士

全素芝士

材料（8 塊份量）

原味腰果 ½ 杯 (55 克)

木薯粉 ¼ 杯

檸檬汁 1 茶匙

酵母粉 1½ 湯匙

鹽 ¾ 茶匙

清水 1¼ 杯

步驟

1. 預先浸泡腰果，放一鍋沸水中煮 10 分鐘，隔水備用。
2. 檸檬汁、鹽、腰果、木薯粉、酵母粉及清水加入攪拌機中攪拌 2 分鐘。
3. 燒熱易潔鑊，將材料加入，用木羹不斷攪拌，以慢火加熱 5 分鐘或煮至「芝士」濃稠即成。

181

營養標籤

每食用量：	2 塊
	每份
熱量	264 千卡
蛋白質	6.2 克
脂肪	12.8 克
飽和脂肪	2.1 克
碳水化合物	36 克
糖	2.9 克
纖維	6.2 克
鈉	460 毫克

墨西哥夾餅

材料（8 塊份量）

全素芝士適量
粟米薄餅 4 塊 (130 克)
牛油果 1 個 (150 克)
番茄 1 個 (140 克)
粟米粒 ¼ 杯 (40 克)

步驟

1 牛油果切片、番茄切粒。
2 將全素芝士塗在薄餅上，加上牛油果、
　番茄、粟米粒後食用。

Quesadilla with Vegan Cheese

Ingredients (8 servings)

vegan cheese
4 medium size (130g) tortillas
1 (150 g) avocado
1 (140 g) tomato
¼ cup (40 g) sweetcorn kernels

Steps

1. Slice avocados and dice tomato into cubes.
2. Spread vegan cheese on the tortilla wrap and fill with avocado, tomato and corn kernels and serve.

Vegan Cheese

Ingredients (8 servings)

½ cup (55 g) cashew
¼ cup tapioca flour
1 tsp lemon juice
1½ tbsp nutritional yeast
¾ tsp salt
1¼ cup water

Steps

1. Soak cashew in water in advance. Boil in a pot of water for 10 minutes and drain.
2. Add lemon juice, salt, cashew, tapioca flour, nutritional yeast and water into a blender and mix for about 2 minutes.
3. Heat a non-stick pan and put all ingredients over low heat. Stir occasionally and cook for 5 minutes or until a cheese-like texture is formed.

由內而外美出來

4.4

女人要增肌

為甚麼説女人要增肌？女人過了 30 歲，就會發覺新陳代謝變慢，吃得多便容易胖，但吃不多仍然覺得胖，是因為平時運動不夠，或者沒有刻意鍛煉肌肉質量。肌肉賦予我們體力、耐力和強度，每天都會有新的肌肉纖維合成，亦有肌肉纖維被分解，做劇烈運動時，肌肉其實是被分解中。如果運動之後沒有補充足夠蛋白質，協助肌肉修復或增長的話，肌肉質量就隨之下降，所以要鍛煉良好的肌肉質量，甚至是增肌，就需要有充份的蛋白質和抗重力的運動，即負重運動。

肌肉隨着年齡增長而流失，如果我們看一位 30 多歲女士的橫切面肌肉脂肪分析圖，就會發現原來肌肉是佔大約 70-80%，外面是皮下脂肪，中間是骨骼。但當到 60 歲、70 歲時，這個現象就會相反，橫切面 50% 以上都是脂肪，而肌肉就縮到

很小。平時說不要的「bye bye 肉」，肥肉在外面。如果可以預防肌肉流失，就可以減少脂肪積聚，而脂肪百分比（體脂）都會較低。在 25 歲左右，肌肉質量和強度都是最高峰；30 歲開始就會流失肌肉，向下坡走。踏入 40 歲之後，肌肉量每 10 年就會跌 8%，這個流失 8% 的速度就會隨着年齡增長而遞增，直至 70 歲，每 10 年肌肉就會減少 10%。

肌肉和骨骼息息相關。我們常說骨肉相連，就是說肌肉要強、要足夠，才可以預防骨折，所以要有強壯的骨骼，更需要有足夠的肌肉質量。如果肌肉質量流失，也會增加長期病患的風險，例如糖尿病、心臟病、中風、血管疾病引致的死亡。剛剛提及的「骨肉相連」是傳統的講法，例如中國人常常說「我們和母親骨肉相連。」而在現在科學文獻上都有顯示，如果患有骨質疏鬆症，同時患有肌肉減少症的比率接近六成。如果患有肌肉減少症，也會增加跌倒和骨折的風險兩至三倍，所以肌肉增加新陳代謝，積聚脂肪便會減少，減重的效率也會增加。

那麼要做些甚麼去增肌？就是每餐要進食蛋白質充足的食物，例如豆類、堅果、種籽。飲品可以是植物奶、豆奶。其實豆奶和牛奶中的蛋白質含量很相近，所以可以選高鈣無糖或低糖的豆奶以取代牛奶（有些人不適合飲牛奶是因為他們有乳糖不耐症或對牛奶蛋白敏感）。

南瓜籽中有一種胺基酸是其他植物較少的，叫做亮胺酸（Leucine），這種胺基酸會產生一種代謝物，作用有如開動引擎的鑰匙，能增加肌肉的製造和減少肌肉的流失。可以在蘆筍、牛油果和雞蛋中找到這種胺基酸，而這種胺基酸在南瓜籽中含量比較多。

我工作和外出時都會帶些零食，上班會帶循環再用的薄荷糖小盒子，裝着一些混合的果仁種籽。南瓜籽通常可以買到原味，無添加調味和無油的，大概每天吃一湯匙就夠了，也可以加蔬果汁打勻來飲用。南瓜籽含有植物性蛋白質，如果以每 100 克食物計算，它的蛋白質有差不多 33 克，相比之下，花生醬有 25 克，豆腐有 17 克，鷹嘴豆有 9 克，大家可多吃南瓜籽，它是非常豐富的蛋白質來源。我讀碩士學位的時候和同學在家中製作了一個素漢堡，主要就是用黑豆和南瓜籽一起做的，真是非常好味。

每年我和妹妹都會回母校（寶覺中學）主持素食工作坊，那次我們分享了黑豆南瓜籽漢堡的食譜。

不要忽視上半身肌肉線條的鍛煉，這個壺鈴看似很重，其實也頗輕的，嘻嘻。

187

紅腰豆南瓜籽漢堡

食材（12 小塊）

熟紅腰豆 1 ¾ 杯（¾ 杯 乾紅腰豆）／
熟黑豆 1 ¾ 杯

葵花籽 ½ 杯 (55 克）

洋蔥 1 個 (250 克）（切粒）

蒜頭 2 瓣（剁碎）

乾奧勒岡葉 ½ 茶匙（可不加）

南瓜籽粉 1 杯 (120 克）

椰子油 ／ 煮食油 2 茶匙（煎漢堡包時
再加少量）

調味料

鹽 ½ 茶匙

note

貼士

配搭這個漢堡，食用時蘸上牛油果醬
（食譜 2.4）會更棒。

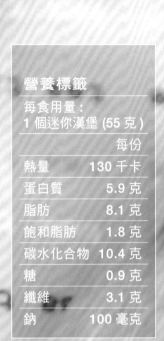

營養標籤

每食用量：
1 個迷你漢堡 (55 克)

	每份
熱量	130 千卡
蛋白質	5.9 克
脂肪	8.1 克
飽和脂肪	1.8 克
碳水化合物	10.4 克
糖	0.9 克
纖維	3.1 克
鈉	100 毫克

步驟

1 將葵花籽放在平底鍋以中火加熱至發脹（約 3 分鐘）。
用攪拌機將葵花籽磨碎。

2 燒熱鍋後下油，加入洋蔥和鹽以中火煮至洋蔥變軟。
加上蒜頭、乾奧勒岡葉後再煎 1 分鐘。

3 將紅腰豆分次加入鍋內 ，每次用叉壓成豆泥。一直攪
拌至所有液體收乾及成厚身的豆泥，熄火備用。

4 待豆泥稍為降到室溫，把蒜頭、洋蔥碎、葵花籽和南
瓜籽粉加入拌勻，可加少許鹽。

Tips!

貼士

在最後階段，豆類混合物變得非常黏稠
但不完全乾燥。

5 把豆泥捏成長 12 吋 x 闊 3 吋的圓柱形狀，然後切成
12 小份，沾上南瓜籽粉。

6 燒熱平底鍋，將漢堡每面煎約 2 分鐘至金黃。需要的
話再加多點油，趁熱上碟。

Tips!

貼士

可使用攪拌機製作南瓜籽粉。

Red Kidney Bean Burger

Ingredients (12 small burger)
1 ¾ cup cooked red kidney beans (¾ cup dried red kidney beans)/1 ¾ cup black beans
½ cup (55g) sunflower seeds
1 (250 g) onion (diced)
2 garlic cloves (minced)
 ½ tsp dried oregano (optional)
1 cup (120g) pumpkin seed powder
2 tsps coconut oil plus more for pan-frying

Seasonings
½ tsp salt

Steps
1. Toast the sunflower seeds in a skillet over medium heat until browning and popping. Grind the seeds in a blender or food processor finely. Set aside.
2. Heat oil in a skillet over medium heat. Sauté onion and salt until soften. Add the garlic and oregano, sauté for another minute.
3. Add the beans to the skillet separately. Mix and mash with a masher or fork each time. Stir constantly until the liquid is absorbed. Remove from heat and set aside.
4. Once the mixture is cooled to room temperature, mix in the garlic, onion, ground sunflower seeds and pumpkin seed powder. Add salt according to your taste.
5. Roll the bean mixture into 12 inches long and 3 inches wide. Cut the mixture into 12 small patties and coat each patty with pumpkin seed powder.
6. Heat the oil in a non-stick skillet. Add the patties and sauté until golden brown (about 2 minutes on each side) Add more oil if necessary. Serve hot.

Tips
At the last stage, the beans mixture becomes very thick but not completely dry.

Tips
To make pumpkin seed powder, blend the whole pumpkin seeds using a food processor .

慳錢環保貼士

慳錢環保小貼士有很多,其中最多人響應的,就是外出時自備環保袋,除了可以減少使用膠袋,環保袋款式設計多不勝數,手持環保購物袋更是一種潮流。以下分享一些支持環保的行動,希望大家響應之餘亦鼓勵身邊的人愛護地球。

自備環保餐具

平時買外賣飲品時,可自備不鏽鋼或循環再用杯,一來環保,二來能夠保持飲品溫度,一舉兩得。一般外賣紙杯加上膠蓋,不環保之餘亦會影響飲品的味道。玻璃瓶裝的飲品,享用完飲品後可給店家回收,或將玻璃瓶帶回家,循環再用,用來裝茶葉、堅果、種子或插花等。如果家中有種植盆栽,可將生長迅速的植物分盆,放入玻璃瓶中繼續栽種,置於家中不同角落當裝飾,令人耳目一新。

可摺疊的矽膠飯盒非常方便又環保。有時外出用餐,份量太多

無論是日用品抑或飲品的玻璃瓶,都可以花花心思和創意重新使用。這就是好友 Triana 在 韓國家中的擺設。

想打包，餐廳幾乎都是用膠盒或發泡膠盒作外賣盒，吃完便棄，很不環保。自己帶備飯盒就可將食物帶走，不浪費又環保。除了飯盒，平時外出亦可自備餐具，叉、筷子、匙羹、不鏽鋼飲管等，盡量避免使用即棄的膠或木餐具。你可能以為木筷子比較環保，但事實是它充滿細菌，或曾浸泡了化學物品漂白，經常使用對身體無益。

朋友的婚禮回禮
禮物是自製的環
保酵素。

天然清潔劑

若然要百分百支持環保，家中使用的清潔劑最好是最低污染性的，肥皂和環酵就是不錯的選擇。相比一般清潔用品，肥皂的化學物質和添加劑是最少的。環酵是用水果皮、糖和水去發酵，通常要幾個月才完成，每個月放氣一次，稀釋後可用來抹地、洗碗、洗水果等。

使用肥皂米清潔皮膚，是時下青年流行的話題之一，因為除了環保，還有人將製作肥皂成為興趣，開班教學令更多人知道肥皂的好處。自製肥皂可以選擇香味和形狀，自用送禮兩相宜。在家中自己做，或者邀請朋友來一起做，的確是件很有意思的事情；參加工作坊認識新朋友，亦是個不錯的社交活動。上次我和朋友一起去咖啡店參加工作坊，聽說有些媽媽會用剩餘的母乳加入肥皂，然後分享給自己的家人，呵護皮膚之餘，還能感受到那份愛和溫暖。

外出帶備小手帕

我記得以前爺爺外出時，身上一定會有一條精緻的手帕，每次款式都不一樣，令我在小時候就學懂，出門帶手帕既因為環保，亦是以備不時之需，吃東西後擦嘴、抹汗、洗手後用來抹乾雙手等，可以減少使用紙巾。

193

購買或捐贈二手衣物

這是女孩子們越來越支持的環保活動。我在美國工作時，經常去二手衣物店逛，跟逛商店沒有太大分別。衣物都是分門別類，而且商店和衣物都很整潔。我曾經買過很多衣物，上班、休閒的二手衣服都有，甚至有些是有品牌的。在歐洲很多人都會買二手衣服來穿，因為他們走的是 Vintage Style，復古款式的衣物，只有二手店才有。

除了購買二手衣物，捐贈衣物亦是支持環保的方式。家中的衣物有時是因為某些場合需要，只穿了一次；有時可能是旅行時因天氣所需而買；有時是貪新厭舊要買全新款式的，只要不是不能穿不能用，能捐的話就不要浪費，將它們給予有需要的人。

香港沒有大型的二手店舖，小規模的是有的，有時我去逛，用合理和較低價錢買到稱心滿意的衣服，真是比買新衣還開心。最後想提醒大家的是，假如有意捐贈，將衣物放到回收箱前最好將衣物分類，分為夏季和冬季。香港天氣和暖，短袖或薄長袖衣物較適合。太厚的衣物可以透過其他慈善團體，帶給天氣寒冷地方的人。

我在韓國探望 Triana 時，一起寫這篇慳錢環保貼士的分享。

玫瑰生機朱古力

Raw Rose Chocolate

食材（30 粒份量）

夏威夷果仁 15 克

南瓜籽 10 克

無花果乾 2 粒 (15 克)

杞子乾　適量 (5 克)

乾玫瑰　適量

生可可粉　100 克

生可可脂 100 克

生龍舌草蜜 50 克

步驟

1 將無花果乾切粒、果仁隨喜好切碎或原粒使用。

2 用熱水浴方法把可可脂座溶,攪拌至完全融解。加入生龍舌草蜜再拌勻。

3 將生可可粉逐少加入並攪拌成朱古力漿。

4 將乾玫瑰連同朱古力漿倒入膠模,最後加入無花果、果仁等配料。

5 放進雪櫃冷凍約 30 分鐘至朱古力凝固即可。

Tips!

貼士

配料份量可隨個人喜好適量加減,生可可脂、生可可粉及糖分比例分別為2:2:1。

營養標籤

每食用量：
1 粒 (10g)

	每份
熱量	48 千卡
蛋白質	0.8 克
脂肪	4.3 克
飽和脂肪	2.3 克
碳水化合物	3.5 克
糖	1.4 克
纖維	1.2 克
鈉	1 毫克

Raw Rose Chocolate

Ingredients (makes 30 pieces)

15 g macadamia nuts
10 g pumpkin seeds
2 (15 g) dried figs
Few (5 g) goji berries
Few dried rose
100 g raw cacao powder
100 g raw cocoa butter
50 g raw agave nectar

Step

1. Chop dried figs and macadamia nuts into small pieces, or use it as a whole.
2. Melt raw cocoa butter using hot water bath method, and stir until melted. Add raw agave nectar and stir again.
3. Add raw cocoa powder slowly and mix until chocolate paste forms.
4. Add chocolate paste with dried rose into a silicone mold. Then put the remaining ingredients in.
5. Refrigerate for approximately 30 minutes and serve when it hardens.

Tips

The amount of ingredients can be adjusted according to your preference. The ratio of raw cocoa butter, raw cacao powder and sugar is 2:2:1.

緊緻肌膚運動

瑜伽導師 / 學生：鄧麗薇
中文翻譯：陳惠琪

促進血液流動，就可抗皺和瘦臉？ 瑜伽真的對我們的外觀有幫助嗎？

是的，健康和美麗肌膚的配方是要吃得好伴隨勤力運動。每天活躍，保持身心健康。一個活躍健康的身體會產生內啡肽 Endorphin，這會激發對健康的正面、積極感受。

反轉（顛倒）

在瑜伽中有很多不同的反轉姿勢，練習倒置時請注意，如果有任何心臟病，請事先諮詢醫生。

Adho Mukha Śvānāsana/ 下狗式（圖 ❶-❸）

1. 在瑜伽墊上跪下，手掌按在地上。

   · 雙手距離與肩闊距離一樣，手指張開。

   · 膝蓋與盤骨一樣闊，腳趾抓地。

2. 手用力向下按，同時將上身推向腳部。

3. 臀部向天空翹起（從側面看，身體看起來像一個三角形）

   · 稍微彎曲膝蓋。

4. 頭部垂低，望向腳尖或雙腳方向。

199

5. 手繼續用力向下按，同時收腹和臀部肌肉收緊。

6. 維持姿勢，停留 3-5 次呼吸。

這個姿勢是全身鍛煉，可以將腿筋拉伸到小腿（當腿伸直時），還可以拉長脊柱，同時鍛煉手臂、肩膀和腹部肌肉。

初學者可以保持 3-5 次呼吸，一旦掌握了，就會喜歡這練習。記得放鬆頸部，讓頭部垂低，血液流向頭部，讓地心吸力發揮作用。逆轉年齡，回復青春。必須定期練習以獲得更好的效果。

素食需注意營養素

 蛋白質 Protein

一般成年人每公斤體重每天需要 0.8 -1 克的蛋白質。奉行素食的人士容易擔心無法攝取足夠的蛋白質，其實黃豆就屬於完全蛋白質，是最佳的植物蛋白質來源。日常中建議每餐都含有豆腐，豆類。堅果種子可作小食，也可入饌，或製成堅果醬。

食 物	份量	蛋白質（克）
雞蛋	1 隻（大）	7
蛋白	2 隻	7
燕麥	½ 杯（生）	5
藜麥	½ 杯（熟）	4.1
枝豆	1 杯（熟）	14
紅腰豆	1 杯（熟）	14
黃豆	1 杯（熟）	28
硬豆腐	1 磚（約 260 克）	21
水豆腐	1 磚（約 160 克）	7
豆乾	3 塊	8.4
素雞	1 件	7
豆奶	1 杯（約 250 毫升）	7
牛奶	1 杯（約 250 毫升）	7
原味乳酪	1 杯（約 150 克）	7
花生醬	1 湯匙	3.5
芝士	1 塊	4.6

花生	30 粒	6
開心果	20 粒	6.3
杏仁	25 粒	7.3
奇亞籽	1 湯匙（12 克）	2

 ## 鈣質 Calcium

鈣質有助鞏固骨骼和牙齒，有助減低日後出現骨折的機會，亦能協助心臟和肌肉收縮以及神經傳遞等功用。一般成年人每日約需要 1000 毫克鈣質。50 歲以上人士更需要 1200 毫克。素食人士除了可多進食豆類及深綠色蔬菜，亦可選擇添加了鈣的植物奶。

＊植物性的鈣質人體吸收率大約只有 60%，奶類的天然鈣質吸收率是 30%。

食物	份量	鈣質（毫克）
麵包	2 片	50
黃豆	1 碗	172
茄汁豆	200 克	100
鮮奶	1 杯（約 250 毫升）	300
加鈣豆奶	1 杯（約 250 毫升）	275
乳酪	1 杯	282
芝士	2 片	260
豆腐	120 克	126
芝麻	1 湯匙	100
杏仁	30 克	107
橙	1 個	60
西蘭花	½ 杯	66
黑木耳	20 克	147
菜心	1 杯	208
菠菜	1 杯	225
芥蘭	1 杯	280

鐵質 Iron

鐵質可幫助身體製造紅血球及血紅素。血紅素的主要功能是運送氧氣至各器官。一般男士每日需要 8 毫克,而女士則需要 18 毫克。長期缺鐵可以引致貧血,令身體容易感到疲倦及在運動後感到氣促。植物來源的鐵質大多來自瓜菜及豆類食物。另外,維他命 C 有助吸收鐵質,因此建議應多攝取柑橘類水果和深綠色蔬菜。

食物	份量	鐵質 (毫克)
藜麥	¼ 杯	3.9
早餐穀物	½ 杯	2.5
黃豆	½ 杯	4.4
小扁豆	½ 杯	3.3
豆腐	½ 磚 (130 克)	3.7
菠菜	½ 杯	3.2
紫菜 (乾)	3 塊正方形 (10 克)	5.5
無花果乾	5 粒	2.1
牛油果	½ 個	1
葡萄乾	3 湯匙	0.7
西梅汁	½ 杯	1.5
小麥胚芽	¼ 杯	2.6
杏仁	23 粒	2.6
芝麻醬	1 湯匙	1.1
葵花籽	1 湯匙	1.5

7
14
歲

14
21
歲

21
28
歲

30
+
歲

 維他命 D

1-70 歲人士每日大概需要 600 IU 維他命 D,71 歲以上需要 800 IU。素食人士除了在飲食方面選擇添加了維他命 D 的豆奶和早餐穀物外,亦可多曬太陽,讓皮膚自行製造維他命 D。建議不塗防曬下,在和煦陽光下曬 10-15 分鐘便足夠每日所需。

另外，冬菇或木耳採收後，若以日曬處理，可大大提高其維他命 D 含量。

食物	份量	維生素 D (IU)
雞蛋	1 隻	41
牛奶（添加）	1 杯（約 250 毫升）	100
豆奶（添加）	1 杯（約 250 毫升）	100
芝士	1 安士	12
早餐穀物（添加）	1 杯	40
植物牛油（添加）	1 茶匙	20
橙汁（添加）	1 杯	100

 維他命 B_{12}

維他命 B_{12} 的主要功用是組成紅血球，並維護神經系統的運作。一般成年人每日大約需要 2.4 微克。由於維他命 B_{12} 僅存在於動物性食物，如素食者完全不吃蛋和奶類食品，就需服用維他命 B 雜補充品或選擇加添維他命 B12 的食物，以維護健康及預防貧血。

食物	份量	維他命 B12（微克）
雞蛋	1 隻	0.4
脫脂奶	1 杯（約 250 毫升）	0.95
杏仁奶（添加）	1 杯（約 250 毫升）	1.25
豆奶（添加）	1 杯（約 250 毫升）	1.2
低脂乳酪	1 杯（約 170 克）	0.95
菲達芝士（feta cheese）	⅓ 杯（約 50 克）	0.85
茅屋乳酪（cottage cheese）	⅓ 杯（約 50 克）	0.48
粟米片	1 杯	2.65
全麥維（weetabix）	½ 杯	5.64
營養酵母（nutritional yeast）	1 湯匙	2

鋅質 Zinc

鋅質有協助身體製造蛋白質、維持酵素和肌肉收縮的功能。建議男性每天攝取量為 14 毫克；女性攝取量為 8 毫克。素食人士可多進食全麥穀類和豆類等食物以補充鋅質。

食物	份量	鋅質（毫克）
紅腰豆	3 安士（熟）	2.4
野米	1 杯（熟）	2.2
粟米片	1 杯	1.4
麥包	1 片	0.3
黃豆	1 杯（熟）	2.0
菠菜	1 杯（熟）	1.4
西蘭花	1 杯（熟）	0.7
冬菇	1 杯（熟）	1.4
鮮果乳酪	1 杯	1.3
杏仁	1 安士（24 粒）	1.0
南瓜籽	⅓ 杯	3.0
芝麻	¼ 杯	2.8
脫脂牛奶	1 杯	1.0
雞蛋	1 隻	0.5
軟豆腐	1 磚	0.8

碘 Iodine

碘是身體兩種甲狀線激素的其中一種主要成分，有助於調節生長、發育及代謝率。碘攝入量不足或過多均會影響甲狀腺功能，建議成人每天攝取 150 毫克。藻類（包括紫菜和海帶）是我們攝入碘質的其中來源，全素食者可適量進食。

如要進一步保存食物中的碘，可採用蒸或以少油炒等方法烹煮食物。

食 物	份 量	碘 質（微克）
碘鹽	1 茶匙（5 克）	150
海帶	100 克	260,000
普通紫菜	50 克	3,650
原味零食紫菜	1 包（1 克）	34
雞蛋	1 隻	18
帕爾馬芝士 (Parmesan Cheese)	1 安士（約 28 克）	22
脫脂奶	1 杯（約 250 毫升）	20
乳酪	1 杯（約 150 克）	44

奧米加 -3　Omega - 3

Omega-3 脂肪酸有抗發炎的效果。對於素食者來說，植物來源的 omega-3 脂肪酸主要為 α - 次亞麻油酸（ALA; alpha-linolenic acid），ALA 在體內經轉換能成為具有功效的 EPA 和 DHA。素食者可多進食黃豆製品、胡桃、堅果、亞麻仁籽、奇亞籽等種子，也可以直接補充海藻油。

食 物	份 量	含 量（克）
亞麻仁油	1 湯匙	7.26
亞麻籽	1 湯匙	2.35
奇亞籽	1 安士	5.06
核桃	1 安士（7 粒）	2.57
芥花油	1 湯匙	1.28
黃豆油	1 湯匙	0.92
枝豆	½ 杯	0.28
雞蛋（添加 omega-3）	1 隻	0.2

後感

《素食內外美 Beauty Inside Out》的成果是由數年前我媽咪熱烈鼓勵推動開始的。感恩父母一直的支持，才令我終於可以達成出版新書分享營養學的經驗和心得的願望。

我希望能守護大家的健康，一起重新照顧自己和家人的生活和飲食習慣。希望大家能找出多食素的動機，漸漸增加素食比例，為健康（我的家）、動物、地球（我們的家）都多出一分力。內環境較健康，氣色好，自信的笑容更會正面影響身邊的人，一齊來體驗美麗由內散發。

本書的成果是各人的功勞，在此我要多謝家人，特別是妹妹 Vicky、姑丈、瑞志、嬸嬸、外婆、Carrie、老師、法忍法師、盧醫生、Jeffrey、Chef Ken、Mary、Michelle、Tiffany、Jay、Nelson、同事、同學和朋友，還有每位恩人和客戶。多謝萬里機構工作團隊，最後也要感謝讀者們。

秋惠
5/ 2019

特別鳴謝
場地提供：Fort 31
化妝：WingKee Makeup

Beauty Inside Out 素食內外美

作者　Author
Sharon Chan

策劃 / 編輯　Project Editor
Pheona Tse　　Jamie Chow　　Kitty Chan

攝影　Photographer
Louis Leung

美術設計　Design
Nora Chung　　YU Cheung

出版者　Publisher
萬里機構出版有限公司　Wan Li Book Company Limited
香港鰂魚涌英皇道 1065 號　Room 1305, Eastern Centre, 1065 King's Road,
東達中心 1305 室　Quarry Bay, Hong Kong
電話　Tel　2564 7511
傳真　Fax　2565 5539
電郵　Email info@wanlibk.com
網址　Web Site　http//www.wanlibk.com
　　　http//www.facebook.com/wanlibk

發行者　Distributor
香港聯合書刊物流有限公司　SUP Publishing Logistics (HK) Ltd.
香港新界大埔汀麗路 36 號　3/F., C&C Building, 36 Ting Lai Road,
中華商務印刷大廈 3 字樓　Tai Po, N.T., Hong Kong
電話　Tel　2150 2100
傳真　Fax　2407 3062
電郵　Email info@suplogistics.com.hk

承印者　Printer
中華商務彩色印刷有限公司　C & C Offset Printing Co., Ltd.

出版日期　Publishing Date
二零一九年五月第一次印刷　First print in May 2019